跳舞骷髏

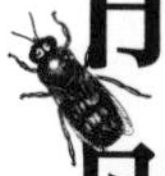

DANCING SKELETONS

Life and Death in West Africa

關於成長、死亡，母親和她們的孩子的民族誌

凱瑟琳・安・德特威勒
Katherine Ann Dettwyler——著
賴盈滿——譯

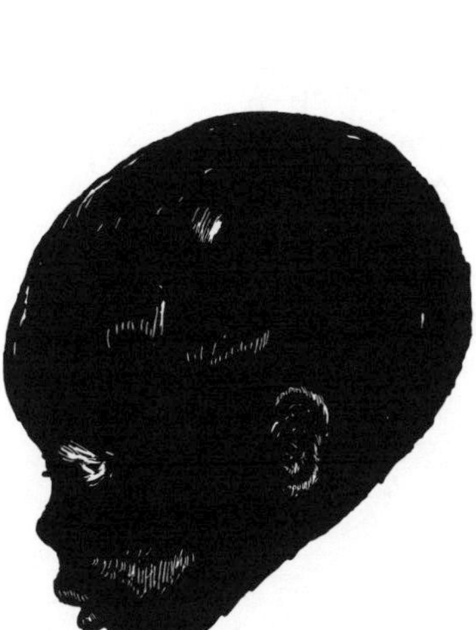

目錄

Contents

「我有一陣子沒見到妳了，妳去哪裡了？」她說話的語氣，彷彿我只是離開六週而非六年似的。「我回家了。」我說。「喔。」她點點頭回道，彷彿那再自然也不過。

馬利的蚊子既惱人又危險。惱人是因為牠們讓你夜不成眠，在你耳邊嗡個不停，只要露出半寸肌膚就會被咬，紅腫又癢又痛；危險是因為牠們是瘧疾帶原體。

「你們這些美國土巴布真奇怪，」艾尼耶絲責怪道，「只替男孩行割禮，卻不替女孩做。妳怎麼可以這樣對妳女兒？妳難道不知道其他人會排擠她嗎？」

這部分研究完成後，我們分送藥物給所有腸道寄生蟲或血吸蟲檢驗呈陽性的孩童，並警告家長讓孩子去符拉布拉布拉溪玩水很危險。即便在說的當下，我也知道要小孩不去碰水幾乎不可能，他們注定會再感染，而家長買不起藥。

這些半設定好的訪談主要討論家庭開銷。我想知道每位妻子每天早上能向丈夫討到多少錢買做菜用的醬料、有多少張嘴要餵，以及如何決定要買什麼。我還想知道她如果有更多菜錢會怎麼做。

「但她現在病得太重，什麼也不想吃。妳真的沒有藥給她吃嗎？」她母親神情悲傷又說了一次。

「食物是唯一的解藥。」我再次重申，再次因馬利人搞不清食物與健康之間的基本關係而備感挫折。

「對呀，你隔天去看，他們就不在那裡了。然後你就會知道他們其實不是小孩，是惡靈。以後你看到蛇，就會想牠之前會不會是你的孩子。」「村裡現在有這樣的小孩嗎？」我問道，想親眼瞧瞧這些小孩是不是只是嚴重營養不良或有某些可以辨識的症狀，解釋他們為何「就是長不大」。

美國婦女或許有選擇生不生殘障子女的自由，馬利婦女卻有不用煩惱這件事的自由。美國小孩有接受特殊教育克服殘障的自由，馬利小孩卻有免於最大殘障的自由，那就是不受他人偏見的壓迫。

9
單車雞 Poulet Bicyclette …… 149

在營養不良盛行的地區推行營養教育有個麻煩，就是人們已經習慣孩童長成那樣了。孩童普遍輕度或中度營養不良會被視為自然，覺得小孩「就是長這樣」，而不是把它看作一個必須解決的問題。

10
我給你非洲鄉下 I Give You Rural Africa …… 169

我另一方面又覺得不可思議，一個產婆三十多年來沒有醫療設備及用品，沒有剖腹產、靜脈注射、輸血和胎兒監視器可用，甚至沒有電讓夜裡有燈，竟然只有一名產婦死亡。

11
一路是烏龜 Turtles All the Way Down …… 191

我一直為艾米的母親感到難過。她遭遇之悲慘，就算以馬利女性的標準也是令人鼻酸。她想盡辦法讓孩子身體健康、有東西吃，結果卻是事與願違。她的大女兒死於瘧疾，二兒子死於麻疹，兩人都是幾年前離開的。艾米是第三個孩子，老四是女孩，一歲左右，有水腦症。從某方面看，艾米可以說是彌補了她母親心裡的缺憾。

12
跳舞骷髏 Dancing Skeletons …… 201

我可以清楚數出他們身上每一根肋骨，前胸看見鎖骨和胸骨，後背看見肩胛骨和脊椎，就連臉孔都有如鬼魅，顴骨頂著乾薄的臉皮，顱骨和下顎骨輪廓清晰可見。只有一雙眼睛閃閃發亮，身體不停舞著、跳著，彷彿有用不完的精力。

「我們從小就會遇到許多人死亡，大多數不是非常小，就是非常老。沒有人躲得掉，也不可能完全無所謂，但我們慢慢學會接受，甚至等著它發生。女人知道她有些孩子就是會死，她怎麼可能跟自己的奶奶外婆、媽媽姑姑阿姨、姊姊妹妹和朋友不一樣？你不能讓孩子的死毀了自己的生活。」

再次獻給史蒂芬，感謝他看顧家火。

馬利共和國

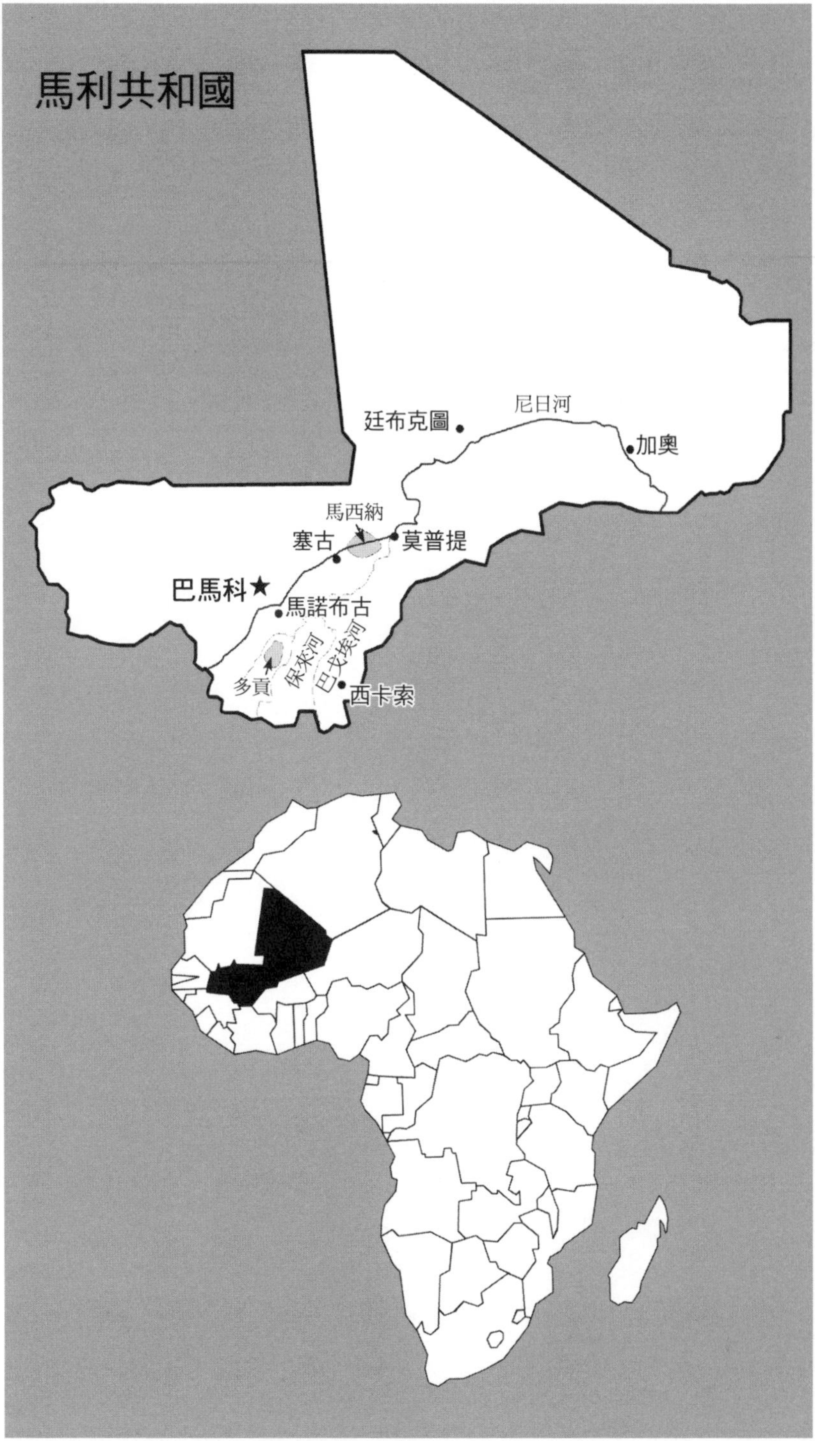

1

回到田野
Return to the Field

追逐的興奮才是我們的獵物；追逐得差勁或愚蠢最是不可原諒。沒有逮到獵物不是重點。我們生來是為了追逐真理，擁有真理是更有能力者的事。

十六世紀法國思想家，蒙田

那婦人坐在路旁的木凳上，午後斜陽將她照成了一道剪影。她炸著馬鈴薯，準備賣給往來的路人。傍晚炊火處處，空氣裡煙味瀰漫，我剛結束一天漫長的研究，準備回家。那婦人見我經過，便向我搭話，問我能不能去看看她兩歲大的兒子。她知道我很關切兒童健康，而且就像村裡許多人一樣，她也以為我是個醫師。

「妳兒子怎麼了？」我問。那婦人說她兒子不肯吃飯，就算吃了也會原封不動排泄出來，完全沒有消化。她向我哀求：「拜託妳去看看他。」

我心想她家應該不遠，便答應去看一眼。我們開始走路，沿著小小的泥路走了又走、走了又走，轉過一個又一個彎，最後終於來到鎮郊一座合院。那婦人走進一間矮小的泥磚屋，將孩子抱了出來。我立刻心頭一震，那孩子的四肢是如此消瘦，肋骨清晰可見，目光呆滯無神，一眼就看得出他嚴重營養不良。我瞄了瞄屋裡，想知道是誰陪著男孩，但屋裡空蕩蕩的。

「誰在照顧他？」我問。

「喔，家裡就他自己一個人。」

「關在黑漆漆的屋裡？」

「呃，他會爬了，想的話他可以自己爬出來。」

「他今天一個人待在屋裡多久了？」

「從早上到現在。」

「妳都不擔心他會受傷？」

「不擔心，他什麼也幹不了。他已經不能自己走路了。」

「他原本會走了？」

「對，也已經會說話，但現在也不說了。」

「妳都餵他什麼？」

「喔，我留了一碗醬拌飯給他，但他通常都不吃。」說完，婦人又走進屋裡，將她早上留給他的那碗食物端了出來。碗裡飯菜動都沒動。

「妳還在餵奶嗎？」

「他喝奶一直喝到差不多三週前。但我決定斷奶，想讓他開始自己吃東西，可是沒用。」

我嘆了口氣，試著想該怎麼做。

那一年我還是研究生，正為了體質人類學博士論文在西非馬利共和國的馬諾布古做田野；隔著河，對岸就是首都巴馬科市。由於我的研究需要記錄當地傳統的幼兒餵食方式及其對兒童生長的影響，因此通常不會干涉報導人的餵養方式。但有些時候，不提供任何建議或協助感覺很不道德。那婦人和她孩子就是這樣的例子。

我替那名男孩做了檢查，量了他的身高體重和其他數據，接著又花了一個多小時告訴他母親幾種方法，可以如何在男孩腸胃負荷得了的情況下，逐步讓他重新開始攝取固體食物。我知道長期營養不良兒童的腸道上皮層有時會消失，以致無法消化食物，自然也無法吸收食物中的養分。

那婦人認真聽著，不時問清楚是要多常餵孩子、餵什麼和餵多少。我還建議她最好隨時將孩子帶在身邊，儘量跟他說話，並強調要將食物送進孩子嘴裡，確定他統統吃完。當晚終於到家後，我在田野筆記裡記下那名男孩，編號為「一〇四號兒童」。接下來的一年，我有幸記錄了男孩的復原。他身高體重穩定成長，直到接近同年齡孩子的水準。

六年後，一九八九年六月一個炎炎夏日，我再次走在馬諾布古塵土飛揚的巷弄裡，預備追蹤一〇四號的近況。現在他已經是個八歲大的孩子。我心裡既興奮又恐懼，不曉得會遇見什麼。那孩子的生命因我而徹底改變了？還是我一旦離開不再追蹤他的進展，他就又回到了營養不良和疾病的惡性循環；甚至已經夭折，成為奪走無數馬利孩童性命的疾病與意外的又一個獵物？

不論這天早上結果如何，我都很高興能回到馬利，重拾中斷的研究。我不再是年輕天真的研究生，而是營養人類學的助理教授，拿到六個月的傅爾布萊特獎助學金，回這裡繼續並擴展我對兒童成長與幼兒餵食方式的研究。我必須在這段很短的時間內蒐集到足夠資料，以便日後寫出論文並發表，而這對我能不能拿到終身教職非常重要。

說我很高興「重回田野」是有點太過了。因為我帶著九歲的女兒米蘭達（她頭一回來也是跟著我），並且拋下了丈夫史蒂芬和四歲的兒子彼得，讓他們留在美國。除此之外，我還遇上意料之外的文化衝擊，費了好幾週才克服難關。

除了論文，田野工作是我職涯發展的關鍵，而馬利是我選定的研究地點。然而史蒂芬和我不同，他有「正經工作」，每天早八晚五要待在辦公室，每週五天，一年五十週，不可能說走就走，還一走就是半年。更重要的是，我完全不可能帶彼得到馬利。彼得患有染色體三倍體症，也就是俗稱的唐氏症，體內細胞核的廿一號染色體多了一個。除了輕微智能障礙和外表上的明顯特徵，他的免疫系統很脆弱，必須經常服用抗生素預防慢性支氣管炎。我很清楚他絕對熬不過西非的嚴苛環境，因此全家同行根本不在討論之列。彼得才四歲，剛學會說話，年紀還太小的他完全無法理解媽媽和「姊接」要離家六個月。我很怕他會忘了我。

米蘭達和我同行，主要是我需要伴，而且我也想讓她再次體驗馬利。她已經夠大了，比起寥寥無幾的幼時回憶，現在的她更能理解、更能記得這裡的經歷。我覺得應該讓她在成長過程中明白世上其他地方的生活有多麼不同，並親身體驗何謂赤貧與被世人遺忘。而她面對我倆重回馬利的態度是如此平靜泰然，撫平了我一開始那種孤單的感覺。

我一九八〇年代初曾在馬利待了兩年，因此怎麼也沒料到這趟回來會遇上文化衝擊。但我們的頭幾週卻很難熬，讓人精疲力竭。我之前認識的那些為國務院和國際發展總署工作的美國同胞都輪調到其他地方去了，我又無法聯絡馬利的朋友與報導人，因為他們沒有電話，也沒有收件地址。此外，儘管傅爾布萊特學者在學術圈內算是備受敬重，但在美國使館附屬的新聞總署眼中卻是「**無所屬**（unaffiliated）美國人」。我必須自己向使館爭取支票兌現、郵寄和醫療特權，而新聞總署人員在我尋找負擔得起的住處時更是袖手旁觀。

我自力救濟花了好幾週才搞定住處。難就難在我想找個比泥磚屋大且舒服的房子，最好有電、室內廚房和浴廁，但又要比大多數美國僑民的豪宅小，而且最重要的是必須夠便宜。那些美國人家裡動輒有五、六間臥房、發電機、高聳的圍牆，還有個大游泳池。最後，我總算談好價錢租下一間小房子，就在美國學校旁，米蘭達秋天要去那念四年級。

抵達馬利的頭幾天，我和女兒住在馬諾布古近郊一間很小的「民宿」裡，房子位於美麗的花園中間，而且有電可應付燈和空調。其他部分都還好，但當地電力供應斷斷續續，有好幾天完全沒電，更別說空調根本就是個笑話。由於屋裡有電燈，所以沒另外準備煤油燈，但我的手電筒第一晚就沒電了，只要太陽一下山，室內就完全沒有光。更慘的是，民宿沒有廚房設備，屋主雖然能供餐，但每天要價將近十五美元，這在馬利是天價，幾乎等於當地勞工兩週的薪水。民宿裡所有設備和服務的價錢都比照美國政府的每日津貼計算。

在馬利的第一晚，我和米蘭達渾身是汗躺在漆黑中，我的腦袋因為缺乏咖啡因而不停劇烈抽痛，房間裡熱得無法入睡。我們母女倆好幾次起身摸黑沖澡，想洗去燥熱，但泡棉床墊很快就將體熱反射回來，讓人難以成眠。我心想：「到底是誰說要來這裡的？」同時腦中又不停播放白天時的種種印象。

那天下午，我們一下飛機踏上機場的柏油地，我就感覺身體被馬利的酷熱團團包圍。搭車前往市區途中，我埋首於鄉間的景致與聲音，努力找尋「進步」的蹤影。但馬利感覺絲毫沒變，機場進城的馬路依然擠滿了車子、腳踏摩托車、驢車、單車和步行的人。婦女全將孩子裹在背後，頭上頂著巨大的簍子，富拉尼男童戴著斗笠，揮棒驅趕羊群和牛隻。就連空氣裡的味道也沒變，瀰漫著柴煙、車輛廢氣、腐敗食物、臭水溝、熟透了的芒果，和沒完沒了的塵土味。聲音也沒有不同：喇叭、牛鳴、人吼，還有我幾乎快忘光了的抑揚頓挫的班巴拉語。這地方給人的感覺顯然沒變，一樣濕黏悶熱，陌生而又熟悉。

白天民宿裡滿是光澤斑斕的綠頭蒼蠅，聲音大得讓人無法忽略，淹沒了所有交談，讓腦袋無法專心運作，逼得我只想找個更好的落腳處。我到馬利第一件事就是去找穆薩·迪亞拉。他是我的前田野助理、翻譯兼好友，當時仍住在馬諾布古，在美國社區中心（我前一回的住處）當園丁。於是我再次僱用了他。中心裡的美國僑民發現他美語說得竟然如此流利，而且年輕時還住過休士頓和紐約，全都不可置信。

除了穆薩，我還僱了另一位老友烏慕·德拉姆，白天替我照顧米蘭達，晚上擔任警衛看守我家，算是變相的保護費（好的那一種）。此外我也僱了烏慕的一位年輕朋友，每週兩天到我家後面用臉盆幫忙洗衣服。最後，我還遊說了一名美國學者和我們同住。湯姆·凱恩是人口學家，拿到兩年的洛克菲勒基金會獎學金在馬利研究產婦死亡，也就是早產過世。他除了為人和善，研究興趣和我有不少重疊，還肯分攤房租。而他在家裡也能嚇阻宵小，同時讓我和女兒在馬利鄰居眼中不失體面（當地人認為家中只有女人孩子卻沒有成年男性很不正

我的田野助理穆薩・迪亞拉（身著T恤者）。

常)。更別說他還有車。

除了找房子的種種麻煩，馬利的現況對我又是另一波文化衝擊。我以為幾年下來情況應該有所改善，但巴馬科市區堆滿乏人清理的垃圾，馬路上車子亂竄，臭水溝水滿為患，政府似乎比過去還要官僚。鄉下湧入的移工將這座河畔首都變成了嘈雜汙染的現代城市。最後我們總算住進自己的房子，而我也拿到正式的研究許可證，可以將精神擺在馬諾布古的研究上了。

當時我有幾個希望完成的計畫，包括儘量找回我一九八一年到八三年時研究過的孩童。我想重新測量他們，以便判斷幼兒期的營養狀況和成長模式如何影響後續成長。營養不良孩童的成長會追上一般孩童嗎？如果會，那是在童年的中期或晚期？幼兒期營養最差的孩童會終身受到影響嗎？其中有多少人早夭了？幼兒期營養最好的孩童會持續比其他孩童更高更壯嗎？他們的存活率會比其他孩童高，或是其中有些孩童到了童年晚期就會變得營養不良？如果營養不足和成長狀況不佳在幼兒期是如此普遍，為何許多馬利成年人還是長得又高又壯？

我還想儘量蒐集各年紀孩童的數據，尋找支持營養不良人口有固定成長模式的證據，例如營養不良孩童成長非常緩慢，直到二十多歲還在長，而大多數營養充足的孩童在此時早就長好了。換言之，成長時間拉長某方面彌補了幼兒期的成長不良。這就是馬利成年人身高體壯的原因嗎？

另一個計畫是造訪新家庭，測量家中所有成員，並進行長期半結構化訪談，以了解當地人的幼兒餵食觀念與做法，補充我過去蒐集的資料。這部分研究的最終目的是發展符合不同文化的營養教育，讓人們更加了解飲食與健康的關聯，以及幼兒必須獲得質和量都夠好的飲食，才能滿足其成長與健康的需要。最後，我的研究還希望確認一點，那就是據信在第三世界國家很普遍的腸道寄生蟲是否為馬利幼童成長狀況不佳的主因。

那天早上，我邊走邊掏出那本破舊褪色的小冊子，裡面有我之前蒐集一〇四號兒童的所有資料，我想找出那男孩和他母親的名字。我為了博士論文來這裡做研究不久，便開始用號碼稱呼研究對象，因為我覺得號碼比名字好，外人認不出這些孩子是誰，而且事實證明號碼非常管用。

大多數馬利孩童都會依據《古蘭經》取穆斯林名字，而且變化不多。人丁眾多的家庭通常會有男孩叫穆薩（即摩西）、阿馬杜、穆罕默德（世界上最普遍的男孩名字）和塞杜，也會有女孩叫艾米娜妲、魯基婭、烏慕和芳妲。此外，這裡所有姓氏幾乎都包含在二十個左右的班巴拉世系群裡。那感覺就像在美國中西部做研究，所有人不是鮑伯就是瑪莉，不然就是瓊斯或史密斯。

因此，用名字分辨孩童其實不大容易。除了我的田野助理之外，光我的研究對象就有三個穆薩．迪亞拉，我的班巴拉名字是瑪麗安．迪亞拉，我經常遇到和我同名同姓的女士。

由於每個孩子都有一個獨立的編號，而且我到後來太習慣用號碼稱呼他們，以致往往徹底忘了他們的名字。「喔，這要給八十九號和他母親。」我可能會這樣說，或是：「我們今天早上去看五號和六號。」另一個記得小孩誰是誰的方法是給他或他的家人起綽號。因此，我們有康加巴夫人（康加巴是馬利南部一個小村子，以知名葛利歐特〔史官歌者〕家族的故鄉及神聖小屋而聞名）、水桶小子穆薩、洋蔥女士和河邊的博若（這裡是指博若人，尤其指定居河邊的博若族，和住在市場邊的博若人不同，並沒有貶意[1]），以及有錢村、錄影機村，和我二老公家（指一個長得很俊俏的富拉尼男孩，眼睛很大，我經常逗他母親說我想娶他當二老公，讓她啼笑皆非。馬利男人是常娶兩個老婆沒錯，但誰會想要兩個丈夫？）。

愈走進聚落，我的行進就愈常被打斷，必須一直停下來和所有人打招呼。清晨時分，婦人們正成群結隊前往市場，採購當天份的新鮮蔬果和魚肉。我吸引了眾人的目光，因為馬利人居住的小巷裡很少會見到白人（土巴布，*toubab*），但那些婦人還是一如往常地有禮，給我例行的早晨問候：

1 譯註：英文Bozo有「蠢人、笨蛋」的意思，故作者強調沒有貶意。

「*I ni sogoma.*」（早安。）
「*N'se, i ni sogoma.*」（嗯色，你也早安。）
「*Here sira wa?*」（昨晚過得平安嗎？）
「*Toro te.*」（沒問題。）
「*I ka kene?*」（身體好嗎？）
「*Toro si te.*」（很好。）
「*I che ka kene?*」（你先生健康嗎？）
「*Toro si t'a la.*」（他很好。）
「*I denw ka kene?*」（你小孩健康嗎？）
「*Toro si t'u la.*」（他們都很好。）

打招呼是馬利人日常生活不可或缺的一部分，只要見到認識的人就會展開一連串細緻無比的問候，關心對方的健康、生活（白天或晚上過得平安嗎？）、家人與工作。標準回答則是「沒問題」或某個發語詞，表示你聽到問題了——男人會回姆巴（*m'ba*），女人則是用嗯色（*n'se*）回答。接著，被問候的那一方會報以相同的問候串。有時雙方會一個問題一個問題輪流問答，而鄉下地方的人永遠會多問一句：「你的作物好嗎？」

問候很重要，代表禮貌與尊重。一個人地位愈高，你給他的問候就要愈長、愈繁複，而且要心懷敬重。你還必須停下腳步問候老人。兩名同輩如果在街上遇到，從聽得見對方說話的距離就要開始互相問候，持續到兩人錯身而過（但不用停下來），直到聽不見對方說話為止。男人會比誰能說最多「姆巴」，或最後一個由誰說出口，雙方一次完整的問候下來可能會說八到十個姆巴。只要走近市場或其他男人們聚集的地方，姆巴之聲就會不絕於耳。不過不曉得為什麼，女人倒是不流行這種「嗯色」競賽。

久違的朋友確實會對交換近況很感興趣，但在馬利，就算完全陌生的兩人，就算遇到大多數美國人都會認為是公事性的往來，他們在談正事之前也會交換冗長的問候。在馬利只要能用班巴拉語正確問候別人，幾乎無往不利。由於住在馬利的法國人和美國人很少肯用心學班巴拉語，而我不但會問候別人，還能實際交談，甚至開玩笑（通常是我被開玩笑），讓我得到了許多好處。

人類學家布哈南在《我們才是外星人》裡寫道：「只要你的研究對象能聽懂你用他們的語言開的玩笑，聽懂其中四分之三，你就可以回家了。」換句話說，只要你學夠了對方的語言和文化，有辦法逗他們笑，你蒐集的資料就應該夠了。我很喜歡故意在問候裡加一些蠢問題來讓馬利人笑，例如「你的單車好嗎？」或「你的魚好嗎？」或問小男孩「你太太好嗎？她昨晚過得平安嗎？」。

博士論文研究期間，我的班巴拉語學得很不錯，但還是一定會帶著穆薩，應付有時很棘手的翻譯問題。舊地重遊，我發現我的班巴拉語很快就回來了，而且還學會了許多新的詞彙與文法。穆薩總是說我沒有口音，但人們頭一回往往聽不懂我說什麼，因為他們以為我會說法語，沒預期會聽到班巴拉語。法語在馬利被稱為土巴布-康（*toubabou-kan*），直譯是「白人的語言」。由於大多數馬利人唯一接觸過的白人就是法國人，假設白人都說法語往往十拿九穩，因此每當他們用法語問我問題，而我用班巴拉語回答「對不起，我不會說法語，但我會說一點班巴拉語」時，他們總是一臉驚訝。待驚訝過去，他們就會立刻開始打招呼，彷彿想確定我是否真的會說他們的語言。

語言威力無窮，而會說班巴拉語是我完成研究和每天存活下來的最大本錢。但除了問候及罵人，我的詞彙只限於研究的主題：懷孕、哺乳、斷奶、食物、生病、發熱、嘔吐、腹瀉、健康、親屬關係、情感和經濟議題。我無法討論政治、宗教和許多其他話題，只要談話偏離到我不擅長的領域，我就得靠穆薩解救。最後那幾個月，我在馬利中北部的偏遠地區遇到一批會講法語但不會說班巴拉語的政府官員，因為他們的母語是富拉尼語、塔馬謝克語或博若語。那次的經驗讓我非常挫折。無法用法語對話造成了莫大的阻礙，而穆薩能做英法翻譯成了救命的關鍵。

我在一〇四號兒童的屋前停了下來，朝門口望了望。男孩的母親正彎腰整理珐瑯鍋盤，準備上市場。她抬頭看見我便直起腰桿，臉上既不驚訝也沒有喜悅，只是拉了拉頭巾，將鍋子疊在頭上，接著就開始打招呼。我們倆一番標準問答之後，她頓了一下說：「我有一陣子沒見到妳了，妳去哪裡了？」她說話的語氣，彷彿我只是離開六週而非六年似的。「我回家了。」我說。「喔。」她點點頭回道，彷彿那再自然也不過。

她朝屋裡喊了兒子一聲。「看誰來拜訪你了——是救了你的那位女士。」只見一名結實的八歲男孩從屋裡出來，表情既害羞又有點尷尬。他穿過庭院和我握了握手，只是一直垂著目光，腳丫子不停撥土。我們交換了問候。「你還記得我嗎？」我逗他。「記得，」男孩答道，「我怎麼可能忘記？妳之前老是把我吊在樹上（因為我都用吊秤測量幼兒體重），還會從市場帶香蕉給我吃。我媽媽逢人都說妳救了我一命。」

雖然天氣溫熱，我還是感覺自己從手臂到脖子背都起了雞皮疙瘩。難道除了我自己的兩個孩子，這男孩活在世上也要算我一份？難道我真的改變了他的一生？我收回思緒，問男孩能否讓我繼續測量他，「看在過去的份上。」他咧嘴微笑，欣然同意我的請求，接著便和一群好友上學去了。男孩離開後，我測量了他母親（她一直扭來扭去，笑個不停），接著便和她坐在屋蔭下一起回憶六年前相遇的那一天。她很自豪這個兒子，幼年那一場病之後就一直健健康康的，在學校成績很好，個性開朗又樂於助人。

告別了婦人，我整個人輕飄飄的，心中充滿自信，只想快點找到下一個過去量過的孩子。

可惜並非所有重逢都是如此歡喜。

2

蚊子與人

Of Mosquitoes and Men

有時艾羅爾作為人類學家並不完美，所有這些令人讚嘆的神話與文化都變了質，成為異國的怪誕。

英國記者及作家，蘭諾・絲薇佛

床邊牆壁上停了一排蚊子，有如航空母艦上停泊的戰機。這七隻蚊子吸飽了血，不再飢腸轆轆，昏昏沉沉貼著牆面一動不動，直到我開燈坐起來搔腿，牠們才想到要逃。我舉起手用掌根有條不紊一隻一隻碾死牠們，在牆上留下斑斑血跡（我或米蘭達的血）有如鮮紅的墓誌銘，讓我有某種滿足感。還有一隻蚊子血吸得圓鼓鼓的，軟趴趴黏在被子上。我意興闌珊揮掌朝牠拍去，只見那蚊子被血壓得飛不起來，只能在床上緩慢地跳著移動。我手跟著牠，直到牠跳到床邊跌了下去。

馬利的蚊子既惱人又危險。惱人是因為牠們讓你夜不成眠，在你耳邊嗡個不停，只要露出半寸肌膚就會被咬，紅腫又癢又痛；危險是因為牠們是瘧疾帶原體。我和女兒都老老實實服用預防藥，一種是氯喹，每週吃，另一種是白樂君（鹽酸氯胍），每天吃，兩種都是奎寧，分別預防兩種瘧疾。我們也都記得關緊紗門，有時睡前還會噴又濃又膩的殺蟲劑，搞得臥房白濛濛的，但蚊子依然鑽進來荼毒我們。大多數時候牠們實在惱人，但我還是對牠們不無敬意，只是無法明瞭這世上為何要有蚊子。我死了一定要問上帝，你到底為什麼創造蚊子？

兩件事讓我們一九八三年秋天離開馬利；兩件事都和死亡與蚊子有關。一是凱伊過世。她是個年輕的和平工作團志工，在某個偏遠鄉村服務，曾經參加我們在美國社區中心舉辦的和平工作團訓練，每幾個月會到休息復原中心來，我們就是這樣認識的。凱伊年輕，充滿理想，熱愛她服務的鄉村，集美國青年最美好的特質於一身。她在村子裡連續幾週數度頭痛，氯喹的服用量先是加倍，後來增到三倍，她把這些都記在日誌裡。但頭痛一天比一天劇烈，最後她決定得看醫師，便騎著腳踏摩托車在泥土路上跋涉了五十公里，穿越叢林到最近的城鎮，再搭廂型小巴（bush taxi）到巴馬科。

儘管凱伊按時服用預防藥，卻感染了顯然具有抗藥性的腦性瘧疾，還沒到巴馬科就在廂型小巴上陷入昏迷了。小巴駕駛將她送到美國大使館。事後我總是想像小巴放慢速度，駕駛打開車門，將失去意識的她拽下車，任她滾到使館門口，隨即揚長而去，完全沒停下來。事實當然並非如此，但終究是太遲了。凱伊始終沒有恢復意識，就這樣撒手人寰。

第二件事是一位美國僑民死於肝炎。米奇・瓦基爾其實是伊朗人，由於他父親是美國支持的末代沙阿（Shah）的外交官，所以他在美國長大。米奇在馬利替一家工程公司做事，他有許多地方比美國人還美國人，例如熱愛棒球就是。每回參加我們週日下午在美國社區中心舉辦的棒球比賽，他都看不慣那些來玩玩的傢伙。如果你不夠認真，或球技不佳，你就別想加入他那一隊。

當然，蚊子不會傳染肝炎，但米奇的死卻和牠們有關。他到使館去看醫師，抱怨自己身體不舒服，醫師研判他得了瘧疾，便多開了幾劑氯喹給他。這是初次治療的標準做法。氯喹對肝臟負擔很重，再加上肝炎，就把米奇的肝給搞垮了。他被後送到巴黎，但那裡的醫師束手無策，最後他還是死了，留下妻子和一名稚女。我現在依然時常想起他們，米奇的死在我們大夥兒心中都留下了陰影。

米奇過世一週後，我被找去收拾他住處的東西。我在研究之外還兼了幾份工作，以便貼補家用，這是其中之一。我跟著他妻子和女兒朝屋裡走，途中停下來玩了玩他們用鍊子拴在小泥磚狗屋裡的狗。幾分鐘後我走出屋外，準備到卡車上拿更多箱子與膠帶。我隨意將手伸到狗面前，想說牠會熱情舔我，沒想到牠竟然撲上來抓住我的右手，朝食指兩個關節的肉狠狠咬了下去。那天晚上我打了破傷風，外傷不到一週就痊癒了，只在食指內側留下兩道粗粗的白疤。那兩道白疤就像有形的記號，經常讓我想起米奇，感嘆命運無常，同時想像卅五歲就英年早逝是什麼感受。

若說凱伊和米奇的死讓我們離開馬利是命運的擺布，那麼我們當初會到那裡也是命運玩的把戲。我們頭一回去馬利幾乎是意外，因為有兩位我研究所時期的朋友，芭芭拉・凱西恩和蓋瑞・凱西恩，做完學位論文研究之後依然留在那裡。我和我先生都是人類學博士生，原本想到東非蘇丹科爾多凡省中部的努巴山脈做研究，因此博士班頭三年都在修習、閱讀關於蘇丹的書籍與文獻，並學習阿拉伯文。我們寫了研究計畫，說明我們想在努巴人聚落進行哪些設計完美、仔細研究過的調查。我會研究孩童成長與發育，以及崇尚摔角的文化如何影響孩童成長。我甚至做了先導計畫，到印第安納州的「世界巔峰」摔角夏令營研究青年摔角手，測量印第安納大學摔角隊員的身體指數。史蒂芬則想研究雨育農業（rain-fed agriculture），以及努巴人從山上移居平地，對他們的社會組織與環境適應有何影響。我們從學校和 Sigma Xi 科學研究學會拿到經費，跟朋友借了點錢，就這樣去了非洲，並深信自己會帶著足以完成論文拿到博士學位的資料回來。蘇丹是「非洲第一大國」，所有書上都這樣說，是「中國人」戈登[1]的最後據點，努爾人的家。而努爾人在人類學研究生圈子裡赫赫有名，因為他們是知名人類學家伊凡-普理查的研究對象。

我們的計畫一到開羅就泡湯了。時值一九八一年七月，穆斯林的齋戒月，我們在歐洲開開心心當了六週背包客，搭著火車四處旅行，沒料到旅行結束到了埃及，發現自己被困在人口一千兩百萬的開羅市中心裡一間風光不再的殖民風旅館，房間熱得要命、蟑螂老鼠肆虐，而且找不到載我們往南的交通工具。所有飛往喀土木的班機都擠滿度假遊客，火車售票員則是拒賣從亞斯文往南橫越沙漠的車票給我們，因為他認為米蘭達不可能捱過這趟旅程：就算火車沒故障，也得在沒水、沒食物、沒廁所的有頂貨車廂裡坐上廿四至卅六小時。現在回想起來，我想他說得對，但我們當時只是不滿自己被困在開羅進退不得。

我有支氣管炎，米蘭達因為太熱不肯吃奶。由於是齋戒月，白天很難買到食物。有天傍晚我們搭巴士去看金字塔，我瞄了一眼就說：「這有什麼？看起來就跟我在明信片上看到的沒兩樣，我們快離開這個鬼地方！」四天後的晚上，我和米蘭達就離開了，搭機回去德拉瓦的「家」。一週後，史蒂芬也回來了。我們在德拉瓦惶惶無措，不曉得人生何去何從。我們的人類學研究做不成了嗎？這些年的準備真的要付諸東流？我白天去做打孔員，史蒂芬晚上到戲院當清潔工。

1 譯註：查爾斯·喬治·戈登（Charles George Gordon），英國陸軍少將。在中國協助李鴻章及劉銘傳淮軍與太平軍作戰，獲封為提督、賞穿黃馬褂而得到「中國人戈登」（Chinese Gordon）之綽號。英國賜其「巴斯勳章」，後將其調至蘇丹任總督，人稱「戈登帕夏」。

九月，任職美國國際開發總署的蓋瑞休假返美，和妻子芭芭拉從巴馬科來到華府。他們邀我們一起回馬利，到那裡做我們的田野。他們也有一個十五個月大的女兒，因此再三保證會幫我們找到住處和工作，讓我們能做研究。我和史蒂芬立刻抓緊這又一次的機會，再度前往非洲大陸。我們對自己的目的國幾乎一無所知，我只會用當地最大族群的母語班巴拉語說「我老公是個大大大胖子」和幾個特地學的髒話與罵人的字眼；另外我還知道馬利和蘇丹大不同，我們必須大幅調整自己的研究計畫。

當你用人類學家的角度研究人，和他們住在一起，成為一個參與者並且同時觀察他們，就得做好面對意外的心理準備。有時，某一群人的生活幾乎不為外在的學術世界所知，結果讓原本看似可行的計畫變得毫無可能，甚至不切實際；或者你想研究的主題還不如你到了之後發現他們生活的其他面向來得有趣。你無法操縱你研究的那群人，也不能對他們做實驗，而且必須仰賴他們的合作才能蒐集到資訊。由於這些（相當合理的）人類學研究限制，人類學者改變研究主題或研究族群的現象並不罕見。個人覺得「對不對」也是考量之一。

我們研究所有一位教授叫伊凡．卡爾普，原本研究東非肯亞北部一個部落。他每天都站在沙塵漫天的乾旱平原上痴痴望著遠方誘人的翠綠山丘。某天他問朋友說：「誰住在那邊的山上？」那人回答：「喔，是伊特索人。」於是伊凡便和老婆收拾行囊，搬到那片山區，後來成了伊特索專家。保羅．史托勒原本想去西非尼日研究語言使用，但他的報導人拒絕合作，直到他同意研究他們認為重要的主題，也就是魔法（後來寫成《在魔法的陰影下》一書），他們才肯配合。丹尼爾・比拜克到當時還叫作比屬剛果的薩伊研究部落經濟，結果發現了就西方學界而言更重要的非洲原住民口傳敘事詩。他翻譯的史詩《姆溫多》為研究非洲的學者開創了新的疆土，也令他聞名至今。因此，我們改去馬利只是跟隨一大串英雄前輩的步伐而已。

儘管和凱西恩一家人搭上飛機時心中有些忐忑，但我們一到馬利就愛上了那裡，愛上它強烈的美、熱鬧的市場與溫暖和善的人們。面對我們窮追猛問，他們總是敞開自己的心與生活，教導我們需要知道的一切，讓我們在那裡活下來，而且活得很好，還提供我們研究的第一手資料，讓我們不愁未來沒有著落。更重要的是，他們非常幽默，面對生活的荒誕，即便是可怕的貧窮與困苦，他們也能一笑置之。這些都讓馬利的生活在我們的生命裡留下了永恆的印記。

馬利的真實生活，遠超過我們在書本裡學到的人類學理論與民族誌方法。那片土地讓我們從學生變成人類學者，從閱讀民族誌窺探他人世界，變成真實體驗完全不同的生活、不同的思考方式，用新的眼光詮釋世界。

我始終沒在馬利找到摔角選手，但史蒂芬倒是找到了移居農民做研究。最後我結合自己的專業訓練及初餵母乳的奇妙感受，轉而研究哺乳、斷奶及孩童成長。史蒂芬則是研究移居城市的菜農和社會組織變動。

這是我們兩人的偉大冒險，也是史蒂芬一生夢想的實現。我們在勞務、心智和情感上相互扶持，並且欣喜看著女兒成長茁壯，學說班巴拉語，也學說英文。我們在馬利的逗留有時艱辛，但最後一切都很順利。我有時都覺得這是上帝大手一揮，將我們從開羅抓起來扔到非洲大陸的另一端，跟我們說：「欸，這裡是馬利，這才是你們該去的地方。」

馬利是內陸國家，位於非洲西岸那一大塊「後腦勺」中央，南部是茂密叢林，中部是熱帶草原和三角洲，北部占全國面積三分之二，屬於撒哈拉沙漠的一部分。這裡白天會熱到讓人起水泡，熱季氣溫可高達攝氏六十度，但由於濕度低，汗水還沒到皮膚表面就蒸發了，所以脫水是嚴重的問題，因為你不曉得自己到底流失了多少水分。

尼日河將馬利一分為二，也左右了沿岸居民的生活。河流起源於南部的幾內亞山，往北流經巴馬科市。這個大「村莊」容納了近一百萬人，大多數住在傳統泥屋中，大小房舍全擠在河兩岸及西部懸崖上，只有少數現代建築，例如大清真寺、幾座體育館、伊斯蘭文化中心和觀光旅館，讓人得以察覺這裡是一國之都。河流出城之後繼續向北，流經內尼日三角洲。這塊三角洲會在每年南方雨季之後出現，因為河水通常會氾濫，形成範圍寬達十幾公里，卻只有幾尺深的水鄉澤國。

尼日河兩岸住著不同族群的馬利人。人數最多的班巴拉人主要從事自給農業，不論語言或文化都很接近西非其他地區的曼丁卡人；塔馬謝克人，又稱圖阿雷格人，母系社會，主要牧養駱駝或經營商隊，人稱「沙漠藍人」，因為他們常穿藍染衣衫，衣服褪色沾到身上，讓皮膚帶深藍色；富拉尼人，遊牧為生，主要在內陸三角洲牧牛，逐水草而居，婦女通常以金飾展現財富；有名的多貢人，聚落集中於馬利北部的邦賈加拉，沿峭壁而建（類似美國科羅拉多州梅薩維德的古普韋布洛人建築），面對伊斯蘭教影響依然保有傳統信仰，成為人類學者、攀岩者和國家地理雜誌攝影師的最愛。博若人，靠木造的彩繪小船皮若克（*pirogue*）往來河上捕魚為生；其餘的族群則是不計其數，族繁不及備載。

尼日河繞經古城傑內，一座以美麗清真寺聞名的島嶼城寨，接著流向熱鬧繁華的河港都市莫普提。大船停靠碼頭卸載了陶器、乾魚、草蓆，還有人，河流也在此分出數個支流，出了莫普提繼續往北，向東流往廷布克圖。這座傳聞中的城市位於撒哈拉沙漠商旅路線的南端，由於河道改變，市區目前位於尼日河北方數公里處，至今依然是伊斯蘭文化重鎮。膽大的西方遊客會專程來此，替護照添一個戳記，下榻觀光旅館，品嚐沾滿撒哈拉細沙的食物，然後搭機離開，能多快就多快。過了廷布克圖，尼日河再次蜿蜒向南，流經加奧之後告別馬利，繼續往南穿越尼日和奈及利亞，最後流入大西洋。想到馬利不可能不想到尼日河。這條河深深影響了馬利的歷史，以及現代馬利人的日常生活。

我的論文研究地點馬諾布古位於尼日河東岸，是十五個棚屋區的其中一個，和巴馬科隔河相望。和我選擇馬利一樣，我選它作為研究地點不是因為它特別合適，而是因為它很方便，就在我們居住的山丘腳下。

在凱西恩家寄宿幾週之後，我們搬進一間小公寓暫住了一段時間。後來史蒂芬受僱主持美國社區中心，供應美國僑民（大使館和國際開發總署雇員，以及其他各色美國人）來此享受游泳池、餐館、網球場和電影。社區中心就在馬諾布古附近，離市區太遠，平常光顧不怎麼方便，因此忙的時間多半集中在週五傍晚和週六、週日全天。這讓我們可以在週間做研究，最棒的是，這份工作還配車，和一間有空調及家具的公寓。雖然離田野工作讓人聯想到的「偏遠鄉村的小泥屋」很遠，但這份薪水至關重要。史蒂芬每天開車過河，造訪通往庫利科羅鐵道兩旁的農地，而我想找我的報導人只要走下山就好。

後來我們做完研究，回到印第安納大學分析資料、撰寫論文，發現博士班同學竟然對我們頗為不屑，因為我們沒有「過得像當地人」（live like the natives）。的確，人類學研究方法的一大特點，也是人類學之於社會學的不同之處，就是「參與觀察」：一邊參與當地生活一邊觀察，然後提問。但當一個女人必須每天勞動數小時才能滿足生活的基本所需，包括食物、飲水與柴火，更別說還要照顧孩子，能做研究的時間便少之又少。此外，我始終覺得在馬利婦女與美國僑民這兩個世界往來穿梭，讓我得以更有意識地建立「主位」（emic）與「客位」（etic）觀點。一旦「成為當地人」，反而極容易陷入主位觀點，將明明需要解釋的事情視為理所當然。我在班巴拉人的生活中進進出出，經常會被其他美國同胞的問題點醒，意識到那樣的農村生活有多異地、多不尋常。

馬諾布古人口約一萬五千人，鎮上有幾條蜿蜒狹窄的泥土路，鎮民的「合院」就簇集在道路兩旁，每天開張的露天市場是鎮上的地理及社交中心。每座合院會有一到多個方形或長形房舍，由泥磚砌成，鐵皮屋頂，中央圍著一塊大空地，院子和房舍外則有泥磚高牆圍繞。沿著後巷行走可能感覺這些合院拒人於千里之外，但只要禮貌對了，想進別人家院子其實一點也不難。由於無門可敲，也沒有門鈴，訪客會拍手以示到來，只是我常常人還沒到，就已經有小孩反覆唱著「土巴布—目搜—卑—那！土巴布—目搜—卑—那！」（*toubabou muso be na, toubabou muso be na*），告訴大家**白女人來了！白女人來了！**

馬諾布古的居民多是過去二十年從農村移居而來的鄉下人，生活非常貧苦，比最窮的美國人還要窮。但這裡並非瀝青紙、紙箱堆和東拼西湊的帳篷堆出來的貧民窟。泥磚屋耐用經年，而且合院大多院落寬敞，常有芒果樹遮蔭，婦人們會在樹下搗小米、洗衣服、煮飯和照顧幼兒。「屋子」其實只供睡覺和保管貴重物品；大多數活動，從工作、玩耍到串門子，都在戶外進行。合院由兄弟同住，他們是家族的骨幹，房舍數量則依家裡的成年男子數目而定。如果是一夫多妻，每位妻子都要有一間房舍，讓她和她的孩子睡。大合院還會有單身屋，給年紀大到不適合與母親同睡的兒子住。有些合院會有廚房，讓婦人雨天或陽光太強時可以有

我的朋友法莉瑪和她的幼女。法莉瑪是我在馬諾布古做博士論文研究時結交的第一位朋友和報導人。那嬰兒幾個月後就因為耳內感染夭折了。

地方煮飯做菜。

馬諾布古的合院沒有自來水也沒有電。水要從深井裡汲，用橡膠桶裝了再吃力地一提一拉送到井口。夜間照明靠的是煤油燈或煮飯的柴火，做菜直接在戶外生堆火，火堆周圍擺三塊石頭，再把燒黑的水壺或煎鍋放在石頭上。每座合院都有露天茅坑，四面矮牆，坑很深，上頭蓋著用混凝土和泥巴砌成的板子，中央開個小小的洞。

班巴拉人的傳統社會組織有幾個要素：數代同堂、一夫多妻、父系社會（姓氏、族群認同及財產都是父傳子），還有和父族同住（女人得離開自己的父母，與丈夫的父母、兄弟及他的家人同住）。但這樣的理想型態在馬諾布古有時無法實現，因為家族裡頭往往只有一名成年男性從鄉下移居到城市，而他可能經濟困窘，所以只娶一個妻子。

除了少數家庭信奉基督教，馬諾布古人的信仰是傳統信仰和伊斯蘭教的混合體。婦女通常不大恪遵穆斯林教誨，不會和男性隔離，也不會戴面紗，很少去清真寺，不常在家禱告，齋戒月幾乎不會禁食，也不熟悉《古蘭經》對哺育嬰兒有什麼規定。伊斯蘭信仰在這裡和傳統信仰儀式並行不悖。生病和死亡通常歸於阿拉，而非因為身體出狀況、巫術或魔法。對許多當地人而言，伊斯蘭教就像萬用包，不論社會、政治或經濟，只要方便就拿出來用。就連非常虔誠的穆斯林，也多少接受一些傳統信仰。

馬諾布古的婦女幾乎都沒受過教育，就算有也很少。她們說的是班巴拉語（或其他幾種

馬諾布古市郊合院的院落。

西非語言）而非法語，而且不論說什麼語言，她們都不會讀也不會寫。美國人問我會不會講法語，我老實回答法語對我的田野工作幾乎沒有用，所以比較努力學習班巴拉語。相反地，馬利人如果遇到土巴布不會講法語，但會講班巴拉語，總是一臉不可思議。

馬諾布古鎮民的醫療服務主要來自在市場兜售傳統草藥的商販，以及鄰鎮的公立婦幼健康中心。雖然到健康中心看診是免費的，但醫師常開的那幾種藥物非常貴，因此家長往往會先帶病童去找巫醫。離馬諾布古最近的醫院在巴馬科市，搭乘大眾運輸至少要二十分鐘。一九八〇年代初期，馬諾布古的小孩幾乎都沒有接種兒童疾病的疫苗。

反觀米蘭達，她不僅打過所有兒童疾病的疫苗，像是白喉、百日咳、破傷風、麻疹、小兒麻痺、腮腺炎和德國麻疹，還打了熱帶疾病疫苗，包括黃熱病、霍亂與天花。米蘭達一九八一年種牛痘，她可能是全世界最後一批接種天花疫苗的孩童，因為世界衛生組織早在一九七〇年代晚期就宣布天花絕跡了。但我們不想冒險，因此還是做了萬全的預防措施，以防不測。

一九八三年，我們到喀麥隆拜訪在「草原區」做人類學研究的朋友時，聽說馬利首都爆發霍亂，於是我們便去姆賓戈一間天主教醫院打了「洛德醫師」（Dr. Rod）補強疫苗，並在返回馬利途經首都時避免使用公共用水，即使那表示我們只能喝天主教醫院空調排水管流出的水，我們依然不敢大意。

這張米蘭達三歲拍的相片，充分顯現營養不良與疾病對馬利孩童戕害有多深。她左手邊那對雙胞胎姊妹比她大了兩個月。相片右側的婦人是我朋友法莉瑪，她常擔任這對雙胞胎姊妹的保母，站在米蘭達前面的是她健康的五歲女兒魯基婭。

麻疹、瘧疾、上呼吸道感染和痢疾是馬諾布古孩童的主要疾病，小兒麻痺也並不少見。一九八二年五月，我頭一回到馬利做研究時，馬諾布古爆發了嚴重的麻疹疫情，那年幾乎每座合院都有一名孩童因此喪命。一九八三年還有幾個麻疹案例，到了一九八九年，許多孩童都已經接種麻疹和其他病毒型兒童疾病的疫苗了。

瘧疾是一種由原蟲類寄生蟲在人體紅血球裡繁殖而導致的疾病，雖然沒有疫苗，但童年時得病幾次之後通常會產生抵抗力。成人可能每年雨季會輕微發病個幾次，症狀為連續幾天頭痛、發燒、發冷與嗜睡，但只要童年曾經多次接觸，成年後極少會因瘧疾而喪命。瘧疾對孕婦很危險，因為可能導致流產，而且當然會有許多幼兒捱不過瘧疾的侵襲。頗不尋常的是，比起營養良好的孩童，營養不良的孩童似乎對瘧疾有更強的抵抗力，因為他們的紅血球是較差的宿主環境，不利於瘧原蟲繁殖。在馬利，對幼年時未曾罹病的青少年和成人而言，瘧疾至今依然非常致命。

一九八三年秋天，凱伊和米奇相繼於一週內離世，讓我們深信該回家了。但在一九八九年夏天，那次的教訓彷彿被時間抹消殆盡，我和米蘭達又回到馬利，回到一個旱天太過平常以致根本不被視為悲劇的國家。幸運的話，這次我拋夫棄子來到這裡，將能確保這個家的未來。但在我心裡始終揮之不去的，是死亡再次成為徹底真實的可能，在離家如此遙遠的地方。

3

女性割禮

不只是另一丁點異地的民族誌瑣事

Female Circumcision: Not Just Another Bit of Exotic Ethnographic Trivia

今日非洲婦女首度發聲反對在女嬰、女孩和女人身上繼續生殖器殘割（genital mutilation）。從埃及、索馬利亞、馬利、蘇丹到塞內加爾，這些發聲的少數女性依然信守並認同傳統，但當某部分傳統危害到她們的生命與健康時，她們願意起身質疑，展開需具敏感度的艱難工作，即幫助女性脫離對身心均無好處且有害的習慣，但又不至於破壞支持女性且對女性有益的文化網絡。

和平運動家，席拉・麥克連
及編輯艾芙阿・葛拉罕

我和穆薩坐在合院洋槐樹蔭下的矮凳，附近有個由兩兄弟共有的市場，他們是來自馬利北部的塔馬謝克人。我們來這裡測量兩個女孩，她們之前是我的研究對象。早晨已經烈日炎炎，一絲令人舒緩的涼風也沒有，肯定又是熱得起水泡的一天。我望著合院另一頭，廚房小屋的漆黑入口，女孩們的父親消失在裡頭已經幾分鐘了。最後，兩個幽靈般的身影從門口出現，怯生生地拖著步伐，穿越塵土飛揚的院子朝我們走來。兩個女孩都打扮得很怪，頭上罩著長披肩。她們倆目光低垂，腳步猶疑，皮膚灰撲撲的，完全不是健康的馬利孩童該有的飽滿棕色。

我轉頭一臉擔心望著穆薩，低聲問道：「她們怎麼了？」

「沒事，」他解釋說，「她們只是剛行完割禮而已。」

我嚇壞了，問道：「什麼時候？」

穆薩轉頭問了女孩的父親，接著對我說：「今天早上。」

「拜託，快回去坐著。」我聲音顫抖對她們喊道：「我們可以改天再來。」

「沒關係，妳可以繼續。」其中一位母親說。

「不用了，沒關係，我想我們該走了。」我匆匆說完便急忙起身走向合院大門。

穆薩向那家人道了歉，隨即追了出來。他很了解我，知道我很不高興。我們沿著小巷，快步走向早市。直到來到開闊的地方，走進市場的嘈雜之中，我才停下來喘口氣。

「天哪，穆薩，你覺得她們會沒事嗎？」我問。

他沉吟片刻。「我不曉得。我們通常會在她們年紀更小的時候做。這年紀行割禮很辛苦，她們看上去不大好。」

「我們能做什麼？」我哀求道。

「沒有，我們什麼都不能做，妳自己也很清楚。我們何不幾週後再去一趟，要是她們平安無事，我們就能測量了。」

「好吧，那今天早上去找其他人。」

「要不要去找廷布克圖來的胖女士？」穆薩提議道，「她總是逗得妳呵呵笑。」

「好主意！我們還可以去看看達烏鞁過得好不好。」

博士論文研究期間，我多少接受了班巴拉人會執行女性割禮這件事。一般而言，他們的做法還算溫和，只割除陰蒂，更溫和的做法是割除陰蒂包皮，近似美國男性的割禮。女性割除陰蒂就好比男性割除包皮。不過，割除陰蒂只比女陰殘割裡最嚴重的陰部縫合溫和一點。陰部縫合除了割除陰蒂，還會切除大陰脣外緣，然後將大陰脣從中縫合，形成永久的瘢痕組織，阻絕性交，直到出嫁才會將瘢痕組織切開，讓丈夫得以與妻子交合。人類學者一般將陰部縫合視為男性以外在方式掌控女性性行為的一種極為嚴厲的做法，其他社會通常只用面紗、深閨習俗或社會譴責來嚇阻「不知檢點」的女人。不過，施行女陰殘割的社會（主要分布在亞洲和非洲）往往都有一套說詞支持這樣做，通常是宗教理由，例如馬利北部的多貢人就相信小孩生下來既有可能成為男性，也可能成為女性，因此男孩必須割除包皮讓他真正成為男生，女孩必須割除陰蒂讓她真正成為女生，跟成人一樣可以和男性交合，平安生育小孩。

在馬諾布古，女性割禮（陰蒂割除）通常在女嬰六個月左右進行。對生活在這個社群的人來說，女孩割除陰蒂是因為「這是傳統，我們都是這樣做的」。再怎麼追問也問不出背後的宗教道理，這裡的人似乎理所當然就接受了。有一回穆薩不在，我跟好友艾尼耶絲聊天（她的名字很歐洲，顯示她是基督徒，而非穆斯林）打發無所事事的下午。我們聊到班巴拉人為何要替自己女兒行割禮。不論我問什麼，她都只回我：「傳統。」「對了，」我告訴她，「我在一本提到班巴拉的書上（帕斯卡．詹姆士．印佩拉托醫師的《非洲傳統醫學》）讀到，班巴拉人相信陰蒂不割除的話，就會變得幾乎跟男人的陰莖一樣長。」艾尼耶絲看著我，好像我這個人瘋了。

「誰跟妳說的？」她問。

「我在一本書上讀到的，馬利有些人這樣跟作者說。」

「誰？」

「作者叫帕斯卡．印佩拉托，他是醫師，曾經來這裡推廣接種牛痘。」我解釋道。

「不是他。我是說，誰告訴他我們這樣相信的？」

「我不知道確切的人名，他去了馬利很多地方。」

「唔，我沒聽過那個說法，真的很蠢。」

「所以，妳覺得不割掉陰蒂會發生什麼事？」

「我不知道。所有女人都割了，所以我不曉得不割會怎樣。我們的傳統就是這樣。」

「妳會想看陰蒂不割的話，長在成年女人身上是什麼模樣嗎？妳會想看我的嗎？」我有點打趣地問。

「妳沒有行割禮？」她驚訝嚷道。

「對，當然沒有。」

「什麼叫『當然沒有』？」她戲謔模仿我的語氣。

「我的文化就是不會做這件事。」

「為什麼？」

「傳統。」我坦白道，自己也忍不住笑了。「說真的，我們到屋裡去。如果妳讓我看妳的陰部，我就讓妳看我的。」

「哦，當然好！」艾尼耶絲笑得前伏後仰，雙掌猛拍腳邊的地。

「我是說真的。」我抗議道。

「妳是說美國女人不行割禮，但還是找得到老公？」

「沒錯。」

「妳先生知道妳沒有行割禮，還是照娶妳不誤？」

「對。」

「那妳先生有行割禮嗎?」

「有，大多數美國男孩還是嬰兒的時候就割了。」

「妳女兒很小的時候就割了嗎?」

「沒有，當然沒有!」

「但妳兒子有?」

「呃，沒錯，」我坦白道，「但這根本是兩回事!我們只割包皮，又不割龜頭，如果要跟女人割除陰蒂一樣，那應該連龜頭也割掉。我不認為男人行割禮會降低性愉悅。」

「你們這些美國土巴布真奇怪，」艾尼耶絲責怪道，「只替男孩行割禮，卻不替女孩做。妳怎麼可以這樣對妳女兒?妳難道不知道其他人會排擠她嗎?」

「在我的文化不會。」我解釋道。

「妳知道嗎，」她左右張望一眼，悄悄跟我說，「法國土巴布不幫男孩也不幫女孩做。」

「來嘛，妳難道不想看看沒有行割禮的女人長怎樣?我們現在就進去屋裡，但妳也要給我看妳的。」

她又大笑起來。我們就這樣一直兜圈子，我始終無法讓她相信我是認真的，她也一直不肯接受我的提議。我對女性割禮的興趣讓她覺得很好玩，後來只要每回見到她，她都會提起這次「滑稽的談話」。我通常不用在意割禮，也不會把它放在心上。我跟米蘭達說，若有人問她有沒有行割禮，她只要回答「當然有」就好。我知道這裡的人不會那麼無禮，硬要親自檢查她。

西方人幾乎都沒聽說過女性割禮，聽到的人也往往難以理解，因為他們無法完全體會某些文化並不那麼看重性和性愉悅，尤其是女性的性愉悅。每當我想搞清楚割除陰蒂對女人的性愉悅有什麼影響，這裡的婦人都無法理解我的問題，告訴我「性是妻子對丈夫的責任，跟妻子感覺好不好無關」。

同樣地，就我訪談過的馬利婦女來看，她們似乎對前戲的概念完全陌生。她們會抱怨無法使用避孕海綿，但不是因為丈夫特別反對節育（不過許多男性確實反對，因為孩子的數量直接代表他們的財富與權勢），而是因為避孕海綿不實用。海綿放入後，夫妻兩人必須要等幾分鐘才能性交，而大多數丈夫都無法或不願意等待那必要的兩、三分鐘。「要是妳還沒準備好，結果很痛呢？」我曾經問一名年輕婦人。「那就面朝牆壁忍過去就好。」那婦人答道，不是很能理解我想問什麼。

只要我停在陰蒂割除或性愉悅的話題上聊太久，這裡的婦女一定會責備我，說「我們馬利女人有比性交感覺好不好更重要的事情要想」。每當女性割禮的話題令我沮喪，我就只好去合院找朋友——廷布克圖的胖女士，她的活潑愛笑總能讓我心情開朗。然而，她的傭人和傭人的兒子達烏鞑的苦境卻也充分證實了當地太多婦女表達過的現實：她們有其他問題要煩，沒時間去管性交愉不愉悅的問題。

兩個女孩陰蒂割除事件發生前幾週，我和穆薩在馬諾布古的狹窄後巷裡穿梭，尋找之前的報導人。我們經過一座有著大紅鐵門的合院，穆薩忽然開口問我：「妳還記得廷布克圖的胖女士嗎？」

「你這麼一說，我當然想起來了！」我開心回答：「我把她完全忘了。」

「嗯，這裡就是她住的地方。我們要看她在家嗎？」他問。

「好啊，去瞧瞧。」

一九八二年，在接受我成長調查的幼兒裡，有一個小女孩是來探望外婆的。這位外婆年約五十，對我的研究很感興趣。她其實是摩爾人，從廷布克圖移居到巴馬科。她很聰明，能言善道，而且為人親切，非常有幽默感，同時非常肥胖，因此在我的田野筆記裡便成了廷布克圖的胖女士。我只要到她家附近，就一定會去找她閒聊。

她女兒和外孫女在這裡待了幾個月就回自己的村子去了，但我還是繼續到合院找她，因為我實在太喜歡有她為伴。她老是取笑我一直沒替老公生個兒子（米蘭達當時三歲，馬利婦人這時通常已經生第二胎了）。她說我應該讓米蘭達斷奶，這樣才能再懷孕，替史蒂芬添丁。

馬利婦女知道哺乳可以避孕，只是不清楚背後的道理。嬰兒吸奶時，母親的腦垂體會分泌荷爾蒙「泌乳素」，刺激母乳分泌，同時抑制排卵，防止再次懷孕。這種做法稱為泌乳停經法，但只有哺乳夠頻繁才有避孕效果。米蘭達已經三歲，每天只吃奶幾次，泌乳停經法發揮不了什麼作用。其實米蘭達廿三個月大時，我就恢復了月經。胖女士似乎沒想到我可能不想懷孕，也沒想到我是可以懷孕的。

米蘭達兩歲時，馬諾布古就有婦女說我應該斷奶，再餵下去會讓女兒變笨。因為寫論文的關係，我知道不少文化都有類似說法，但也曉得全球大多數孩童都喝母奶到兩、三歲，甚至更久。根據我幾位比較年長的女性報導人的說法，鄉下的馬利婦人傳統上都會一直餵到孩子自己斷奶，通常是三、四歲。這其實更符合我們靈長類祖先的做法，也符合人類嬰兒演化而得的期望。我打算對我的所有小孩都這樣做。

當然，胖女士也常取笑我可能已經對史蒂芬沒有性魅力了，因為我又老又不夠胖。她還很故意地說要將她的十二歲女兒嫁給史蒂芬當二老婆，說她女兒不僅漂亮（的確是），而且非常勤快又聽話，我吩咐什麼她都會照做。我每回見到她，不管在她的合院或市場，她都會說：「帶妳老公來瞧瞧，他一定無法抗拒的。」

一九八九年我再次探訪她，又見到我讓她喜出望外，立刻喊她女兒過來。她女兒這時已經十八歲了，變得比以前更漂亮。胖女士說：「瞧，妳姊姊來接妳了。」那女孩一聽就紅著臉跑走了。胖女士很高興知道我「替史蒂芬」生了一個兒子，並罵我還是那麼「皮包骨」。一九八九年我剛回到馬利時身高是一百七十三公分，體重大約七十二公斤，以美國人的標準根本不是皮包骨。

真要說，胖女士比她一九八三年時更胖了。她身高只有一百五十二公分，體重卻將近一百四十公斤。她是摩爾人，而摩爾人跟他們的撒哈拉鄰居塔馬謝克人差不多，判斷一個女人美不美，頭一個就是看她肥不肥。娶個胖老婆就是向全世界證明你很有錢，才有辦法讓家人豐衣足食，還有奴隸或僕人供老婆使喚，讓她可以整天發懶，造訪朋友，大吃甜食。肥胖就是健康。更重要的，肥胖就是性感。

我和她坐在她家空心磚房前的墊高門廊上，喝著糖漿般的滾燙熱茶，閒聊過去六年的種種八卦。此時我忽然注意到在院子裡掃地的那位中年婦人揹著一個極度營養不良的小男孩。「那個小男孩是誰？」我問道，一方面出於對那孩子的同情，另一方面出於職業上的興趣，因為他有著「過大」的頭顱和火柴棒一般的四肢。

「哦，他叫達烏鞑。」胖女士笑著說：「很誇張，對吧？」掃地的婦人是他母親，胖女士僱她當家裡的女傭，每天早上來待一整天，負責打掃、煮飯、搗小米和上市場，哪裡需要幫忙她就做什麼。她會帶著達烏鞑一起，不是用布將他綁在背上，就是讓他在樹下睡覺。我說我想仔細瞧一瞧那男孩，他母親就走過來把達烏鞑從背上卸下來，放到我懷裡。那男孩看了我一眼就開始哭，但不是健康孩童的那種拚命想逃的嚎啕大哭，而是幾不可聞的抽噎，同時徒勞地想將頭轉開。

達烏鞑十八個月大，體重只有五千四百四十多公克，虛弱得連頭都沒有辦法自己抬著，手腳也無法擺動自如。和身體相比，他腦袋大得嚇人，因為一出生就營養不良讓他的身體無法正常發育，四肢也只是皮包骨，皮膚皺巴巴地薄得像紙，屁股尤其可憐，像兩個消了氣的皺皮囊掛在脊椎尾端。他骨瘦如柴，我一眼就能數出他有幾根肋骨。我匆匆將男孩還給他母親，免得他更難過，接著問他母親這孩子怎麼了。那婦人說：「沒事，他很好。」接著就拖著步伐回頭去掃地了。我轉頭問我朋友，到底怎麼回事。

胖女士解釋道，她僱用達烏鞑的母親當女傭，是因為那婦人的先生「瘋了」，無法養家，而且那婦人很窮，她和她先生在巴馬科都沒有家人，更別提她還有痲瘋病。我仔細一瞧，發現她雖然手指腳趾都在，但中顏面凹陷，這是痲瘋病的特徵之一。達烏鞑是她的么子，也是唯一倖存的孩子。

「她都餵他吃什麼？」我問。

「呃，他哭她就會餵他奶，早上會給他吃前一晚剩下的飯•（*toh*，小米麵糰）。」胖女士說。

「就這樣？」

「我勸過她，要她給那孩子吃點別的東西，但她說他總是不肯吃。」

「叫她過來，我再試著跟她講點道理。」

那天，我和達烏軻的母親談了一個多小時，說他需要多吃點，還說他身體發育不良，無法坐直或走路，是因為她給他吃得不夠，更別提他明明很慘，卻虛弱得連哭的力氣也沒有。我還建議她帶男孩去看醫師。她淡淡聽著，然後看著我說：「好，我會讓他多吃一點。」

隔週我又去胖女士家，她說我給達烏軻母親的建議對方一件也沒做。達烏軻看上去比之前更糟，這回我讓他坐在我腿上，他連哭都沒哭。我再次費盡脣舌跟他母親講解他的狀況，甚至提議給她錢去買食物，或我買來給他。她婉拒了，感覺對我說的不是很感興趣。同樣的情形持續了幾週，直到有一天我突然火了，滿心挫折朝達烏軻的母親吼道：「我們乾脆殺了這孩子算了！妳知道，讓他解脫。我們可以抓著他，讓他頭下腳上浸在水桶裡！或是抓他撞牆，撞得他腦袋開花！不管哪樣都比讓他慢慢餓死善良！妳顯然一點都不關心他，既然知道他遲早會死，何不給他一個痛快？」

穆薩一臉驚惶看著我，正想開口反駁，沒想到胖女士卻哈哈大笑，笑到得雙手扶腰才能不從椅子上摔下來。達烏軻的母親只是一臉無法理解望著我說：「不，我不可能做那種事，我不想要他死掉。」「但妳就是在這樣做。」我說，顯然整間房裡只有她不知道我對她滿心厭惡。「我沒有。」她難過地重複。「那妳幹麼不給他東西吃？」「他不喜歡食物。」她解釋著，

巴拉和達烏鞎一樣，也是極度營養不良導致動作與語言發展遲緩的孩子，即使已經三歲了，前囪依然沒有閉合。

隨即緩緩起身，將達烏鉭從我懷裡抱開，走到外面去。不久我便聽見屋外傳來規律的篤篤聲。她在搗小米，準備做餖。

我滿腹怒火看著我朋友。「她到底是什麼問題？」我問。

「呃，妳知道，她腦袋不是很靈光。」胖女士答道，一邊淡定地又倒了一杯茶。

「顯然如此。」我反脣相譏。

「沒有，我是說真的，她沒有其他人那麼聰明。」她說。

「妳這話是什麼意思？」

「嗯，比方說她每天來這裡工作，雖然會自己煮飯，但我永遠都得教她怎麼做配飯的醬。每天教，感覺就像她從來沒做過似的。」

「妳是說她隔天就忘了怎麼做醬？」我不可置信地問道。

「沒錯，還有很多事情也是這樣。例如我要她去市場買番茄和洋蔥，她一到那裡就會忘了要買什麼，只好回來問我，不然就是買了馬鈴薯葉回來，在路上把剩下的錢搞丟了。」

「她是一直這樣，還是跟痲瘋病有關？」

「她說她一直是這樣，從小就是。」

我這才恍然大悟——身為家有遲緩兒的母親，我竟然沒看出達烏鉭的母親智能不足。從頭到尾我都沒想過，阻礙達烏鉭健康長大的可能不是他母親的無知與冷漠。事後回想起來，我發現自己純粹是種族中心，一廂情願認為智能不足的人在馬利不可能工作和結婚生子。但馬利人不一定跟美國人一樣，對智能不足者帶有偏見。

我心想自己能怎麼幫忙。要是在美國，我可以將達烏鞑和他母親託給社服機構，讓她治療痲瘋病、接受職業訓練和加強育兒技能，而達烏鞑可以加入聯邦政府提供的婦幼營養補助計畫，並透過失依兒童家庭補助方案取得醫療和購買食物的錢。但在馬利，從中央到地方都沒有這種支援網絡。這類協助支援通常由家族提供，但達烏鞑的母親沒有親人，也別無選擇。我能想到的唯一方法就是說服她放棄親權，將達烏鞑交給公營孤兒院，但她不可能同意。達烏鞑是她僅有的一切。她覺得自己的兒子只是生病，很快就會擺脫遲緩。

我相信達烏鞑注定緩緩飢餓至死，而且會拖得很久。我已經盡力救他了。我必須硬下心腸接受他的處境，告訴自己他就是一個注定會失敗的努力。儘管我在馬利居住期間依然每一、兩週就去找胖女士，卻不再和他的母親多說什麼了。不過，我總是會關切達烏鞑的健康，甚至一進合院就問：「達烏鞑還活著嗎？是喔？真是太神奇、太厲害、太不可思議了！他媽媽還是餵他隔夜的飯嗎？」我們只能拿他說笑，因為真的別無他法。要是不笑，一定會哭。

達烏鞑教會我要慎選戰場，不僅要提防自己花太多時間心力在無可轉圜的事上，還得定好事情的緩急先後，這樣或許能藉由我的研究，讓自己對於減輕馬利孩童營養不良做出些許貢獻。擔心達烏鞑其實幫不了他，抓著他母親不放也不行，因為他母親連自己也幫不了。胖女士似乎毫不在意，或許她認為給達烏鉭母親一份工作就已經夠了。我一九八九年十二月離開馬利時，達烏鉭還活著，但我很懷疑他能活到現在。孩子，你始終在我心裡。

4

蟲和寄生蟲

Of Worms and Other Parasites

習慣了就平常了。現在覺得不平常的，終究會習慣，會變得平常。

加拿大作家，瑪格麗特．愛特伍

傾盆大雨從屋頂奔洩而下，院子裡滿滿都是咖啡色的泥水，從前門滲了進來，沿著客廳地板的邊緣蔓延。我們用掃帚和水桶將髒水趕回屋外，然後踩著淹過腳踝的積水橫過院子，爬到牆上了解牆外的慘況。我幾乎認不出眼前的一切。寬闊的泥土路與路對面（水通常都不動）的水溝都成了滾滾洪流，將汙水、垃圾、泥土和其他殘骸捲下山坡，朝河邊湧去。孩子們躲在低矮的枝幹上，我們望著一隻雞被水捲走，可憐地撲翅哀號，從我們家門前流過。

「歡迎光臨馬利！」我朝希瑟．凱茲喊道。她是美國德州農工大學的學生，昨天才剛抵達馬利，預定秋季學期擔任我的無償研究助理。她緊抓著牆，雨水從臉上簌簌滑落，她轉頭向我咧嘴微笑，隨即仰頭望著天空。

隔天我們聽說馬利鄉下好幾個村子的泥磚屋、山羊和綿羊被洪水捲走，再無音訊。時值八月下旬，這場特大的暴風雨代表了三個月的雨季正式結束。雨停後，我們將有三個月幾乎一成不變的美好天氣，早晨清爽沁涼，下午烈日當空。

希瑟修了幾門人類學課之後，一心想要「玩真的」。隔天清晨喝了咖啡、吃了又酥又脆的現烤法國麵包（*baguette*，法國殖民留下的少數好東西）之後，我們便前往馬諾布古，進行我的腸道寄生蟲研究的最後一部分。我們先沿河走一點六公里到大路，這條路過河往西是首都巴馬科市，往東是機場，所以又稱「機場路」。

到了大路之後，我們就離開河邊往前走，一邊回頭看有沒有開往馬諾布古的巴謝（*bache*）。我用手勢向經過的巴謝司機示意，看有沒有空位。最後終於有一位司機停下來，我們吃力地踩著踏板爬了上去，和其他乘客擠在一起，努力避開角落的位子，因為那裡腿會卡住，坐起來很不舒服。

巴謝是沒有後擋板的小貨車，貨斗內三邊加裝硬木長凳，貨斗上方加裝鐵架，背面會稍微閉合，多少有遮陽擋雨的功能。照規矩，一輛巴謝後面可以載十五到十六人，但通常會擠上二十人，甚至更多，這還沒算到母親懷裡的嬰兒、母雞、珠雞、裝滿熟食或市場蔬菜的琺瑯鍋、柴薪、新鮮的魚和不那麼新鮮的魚，凡是你想得到的東西都可能出現，想不到的也會。

土巴布通常有機會坐到前座，司機旁邊，因為一般認為前座比較體面。但其實坐貨斗更涼、更舒服，至少有風可以吹散汗臭與魚腥味。而且司機動不動就熄火，不論是等乘客上貨、塞車或下坡，他們都會關掉引擎。他們以為這樣可以省油，卻快把我煩死了。我再怎麼解釋，他們都不肯相信發動引擎比不熄火一分鐘更耗油。

這裡的人不習慣看土巴布搭乘大眾運輸工具。大多數美國和法國僑民都有車，顧問及短期訪客則多半搭計程車，不然就坐使館或國際開發總署的公務車。只有和平工作團志工和人類學者固定搭巴謝。新手搭車經常遇到的問題是，很難判斷它開往哪裡、費用多少、哪時付錢和該付給誰。這其中的眉眉角角，唯有向親切(而且可信賴的)專家請教才能掌握。

我們坐著車一路顛簸，努力保持平衡，免得因為司機閃避路上的牛群而被甩了出去。車子搖搖晃晃停在泥土路肩，讓更多人上車。這裡沒有清楚標示的站牌，只有司機通常會停但並沒有標示的停靠點。你也可以隨時在路邊攔巴謝，只要你懂得怎麼打手勢，而且貨斗上還有空位。

和平常一樣，門邊坐著一位少年，負責替司機收錢並告訴司機何時該停車下客。他會鵲躍下車，拖著穿涼鞋的雙腳揮手叫其他顧車少年走開，同時負責把風，留意警察的蹤影，因為警察喜歡攔下超載的巴謝罰錢。

快到終點站時，少年會開始收錢。某些路段有標準車資，可是你如果不曉得也不會有任何人告訴你。你可以看別人付多少錢，但很困難，因為少年通常連收幾個人的錢之後才會依據車資開始找零。顧車少年的記性總是令我嘆為觀止，他們不僅記得誰付了多少，還記得誰要找錢、誰沒有付錢但只是因為還在掏錢。女乘客尤其如此，她們總是等少年開口才開始掏錢，有時簡直大費周章。

馬利婦女沒有錢包，因為太容易被偷。有太多不疑有他的土巴布在巴謝上被偷了皮夾或零錢包，而車上乘客總是提醒我要把袋子的拉鍊拉好。大多數馬利人會將錢綑好藏在飄逸長袍（男性）或嬰兒揹布（女性）的角角，因此需要好幾分鐘才能找到或把錢掏出來，接著再花幾分鐘把錢解開，抽出足夠的車資交給少年。

和平常一樣，這回顧車少年又想騙我，報給我的車資高了十倍。但我知道正確費用，所以只給了他剛好的錢，對他的咒罵充耳不聞。「他以為我們兩個是笨土巴布！」我先用英語對希瑟說，接著又用班巴拉語對眾人再說了一次，贏來乘客們一陣呵笑與問候，而顧車少年則是撇嘴微笑，彷彿在說「試試又不會怎樣」。

我會說班巴拉語，卻是白皮膚，這樣的反差給了我莫大的樂趣，因為我能利用它逗人們發笑。我有時故意不講自己會說班巴拉語，然後開幾個玩笑透露我其實會說，而且聽和說都行。比如我會一言不發爬上巴謝坐好，要是車子一路顛簸得非常厲害（這種情形並不罕見），我就會若無其事地說：「爛司機！」或是聽一群女人討論我是誰、為什麼土巴布會搭巴謝，接著伸長手臂讓她們檢查，同時用班巴拉語說：「妳們看，我跟妳們一樣是法拉分（*fara fin*，黑皮膚的人），不是土巴布！」

馬利人別的沒有，就是愛笑，笑自己、笑對方，當然更喜歡笑土巴布（「只有白人會花錢買狗，哈哈哈！」），和他們所處的這個荒唐世界。而我喜歡逗他們笑，並且樂於參與他們展現尊敬與親善的各種老套，這是我表達自己好奇和認同他們的文化信念與習俗的另一種方式。

賑濟乞丐、盲人、痲瘋病患或雙胞胎的母親，都是贏得阿拉恩典的方式。馬利人只要行有餘力就會幫助有需要的人，因為這會讓他們屬靈上受益。但首都裡的乞丐和痲瘋病患實在數量驚人。和所有事情一樣，接濟別人也有特定的規矩。在巴馬科市中心若想避免乞丐一擁而上，最好挑一個人，然後永遠只給他錢。我指著坐在狄比達蔬菜市場附近人行道上，一個沒有手指和腳趾的老婦人，向希瑟解釋道：「她是我的痲瘋病患。」我上前和老婦人寒暄問候，在她碗裡放了幾個零錢，老婦人喃喃祝福我。「妳也挑一個，希瑟，其他人就不會來煩妳。妳只要記得永遠隨身帶一點零錢，每回經過這裡只給妳的痲瘋病患，不給別人，其他病患就會尊重妳的選擇，不去打擾妳。同樣的道理，我也有我的雙生子母親，在銀行附近。我總是拿錢給她，其他人就明白不要向我開口。」「天哪，」希瑟對這整件事覺得很不自在，她朝我打趣道，「我終於要有我的痲瘋病患了！」「是啊，嗯，一切都是為了阿拉的恩典……」我說。

贏得阿拉恩典還有一個方法，就是尊敬老人和婦女，做法很多。尊敬長者是馬利日常生活不可或缺的一部分，所有重要決定都是由長者開會做成，所有男人都得等到自己的父親和兄長都死了才能正式當家。一九八二年，史蒂芬的八十四歲祖母來馬利拜訪我們，她所到之處，所有人都下跪磕頭，表達對她高壽的敬意，把她嚇壞了。

替長者付巴謝車資也是敬老的表現，可以贏得恩典。一般遊客很難發現這種事，更別說身體力行了。每回巴謝上有老先生老太太，我們付車資時總是會連同他們的一起付，用手勢告訴顧車少年我們要替誰付錢。這樣的舉手之勞總會引來老人的笑容與感激，願阿拉祝福我們多子多孫，還有同車乘客的尊敬與讚許。

清晨搭車到馬諾布古大約十分鐘，我們在終點站前下車，免得被搶著爬上貨斗回巴馬科的民眾擠扁。他們會從車後面擠上來，或從側窗爬進來，連揹著嬰兒的婦人也照爬不誤！所以在終點站下車，就算沒被擠扁也只剩半條命。即使我用班巴拉語最嗆辣的髒話罵人，趕著到市區工作或上學的人還是拚命往上推擠。

我和希瑟沿著小巷朝穆薩家走，她問：「我們第一件事要做什麼？」我回答：「我們要先去接穆薩，我做研究幾乎都會帶著他。接著今天會蒐集最後一輪腸道寄生蟲研究用的尿液和糞便樣本，送到獸醫實驗室去化驗，」我解釋道，「明天我們再來這裡測量與訪談。」

有希瑟跟著，讓我再次對馬諾布古投以全新的眼光。我只來了幾個月，就已經習慣在市場邊看到成堆的羊頭，小孩蹲在馬路旁便溺，還有童年時得了小兒麻痺的青少年舉起穿著涼鞋的手朝我們揮舞，螃蟹一般朝朋友家爬去。

「妳為什麼要蒐集這些樣本啊？」希瑟問道。我邊走邊向她解釋，這部分的研究是想確定腸道寄生蟲是否導致了第三世界國家孩童成長不足，因為一般認為腸道寄生蟲在這些國家很普遍。德州農工大學一名研究生（卡爾．萊恩哈德，他後來去了內布拉斯加大學）非常熱衷腸道寄生蟲，幾乎什麼事都認為是牠搞的鬼。他自己的研究就是去考古場址挖掘人的排泄物殘餘（稱為糞化石），尋找寄生蟲感染的跡象。你應該可以想像卡爾在派對上被人問到他在研究什麼，結果會是怎樣。他一直煩我，要我在自己的研究裡加進寄生蟲分析，所以我就加了。

我一開始就聯絡巴馬科獸醫實驗室的寄生蟲學家。會找他們而非醫師，是因為巴馬科獸醫實驗室的員工都是畢業於德州農工大學獸醫學院的馬利人。由於這層「農校」關係，我知道他們都訓練有素，而且能談出一個好價錢，請他們替我分析樣本。實驗室除了提供採樣用的小塑膠罐，還安排好時間讓我在採樣當天就能送到實驗室立即分析，省去使用化學防腐劑或冷藏的負擔。

我以為馬諾布古的人會覺得我很奇怪，要他們把糞便和尿液裝進小罐子裡，但大家竟然樂於配合。或許是因為我說他們可以免費檢查寄生蟲，如果有感染還能拿到藥；也可能是因為跟大多數美國人比起來，馬利人對生理機能自在且隨便得多。穆薩頭一回跟我說「對不起，我要去大便」時，我還以為自己聽錯了，而穆薩也無法理解美國人為何如此拘謹，愛用很委婉的說法。「所有人都會大便，就算你說要去『解手』，大家也知道你是什麼意思，那為什麼不乾脆直說？」他百思不解。

我選了十個家庭進行採樣，只有寥寥幾個人拒絕。我們會先分配貼有標籤的小罐子，每個小孩兩罐，告訴他們需要裝入什麼和裝入多少，隔天早上再來回收罐子。要是小孩來不及提供樣本，我們就會在院子裡聊天，讓他們再試一次。研究開始不久，我就明顯觀察到許多小孩都有腹瀉，尿液色深混濁。

拿到全部二十個罐子後，我就會小心翼翼收進我的 Lands' End 花押字手提包（這根本是絕佳的廣告！），跳上巴謝遠迢迢趕去實驗室，推擠上車時不忘留意別讓人撞到手提包，免得罐子破了或被撞開。我經常得到一些古怪的眼神與評語，有些感覺頗具敵意。如果我假裝聽不懂班巴拉語，就會聽見類似「可能是那個詭異的土巴布。你覺得發臭的人就是她？」、「不對，不可能是她，也許是誰踩到了發臭的東西」之類的討論。而我只是隨著車子上下搖晃，若無其事地淡淡望著車外。

過河之後，我會坐到巴馬科的巴謝總站，然後換車繼續往北坐十公里，下車後還得再走一點六公里才會抵達獸醫實驗室。我會留下裝有糞便或尿液的小罐子，再拿二十個新的空罐子，然後走去搭車返回市區。

最後一次送樣到實驗室，希瑟也跟著去了，巴謝上其他乘客一直嫌惡地討論從我們位置傳來的臭味。快到終點時，我突然用班巴拉語說：「會臭是因為我手提袋裡裝滿了小罐的大便！」

眾人哈哈大笑，面面相覷，發現原來我會講班巴拉語。他們懊惱剛才說的話我都聽得懂，而且沒想到我會承認臭的是我。乘客們一陣窸窣推擠，儘量離我遠一點。一位老翁不大相信，辯解說我班巴拉語講得不好，我說的話不是那個意思。我小心打開手提袋，伸手拿出一個小罐子朝老翁揮了揮。「不對，這裡頭真的是大便。對不起讓你們聞臭味，我們要去獸醫實驗室。」沒有人說話。老翁抓起長袍遮住鼻子和嘴巴，轉頭望著馬路，嘴裡嘟囔土巴布有時真的很奇怪。

最常見的腸道寄生蟲有六種。在我蒐集的六十八個糞便樣本裡，只有四個呈陽性：兩個是蛔蟲，一個是鉤蟲，一個是絛蟲。這四名孩童都接受了治療，家長也被告知如何預防孩子再次感染。感染絛蟲的女孩名叫艾米娜妲，在我頭一回來馬利時就是我的研究對象。其實在我見過的五歲以下馬利孩童裡頭，她是唯一真的算胖的。一九八九年的研究，我會拿營養充足、營養稍微不良、相當不良和非常不良的孩童相片給馬利人看，從他們的反應來了解一般馬利人對孩童營養狀態的看法。艾米娜妲一九八三年三歲時的相片，就被我用來代表「營養充足」的馬利孩童。

一九八九年八月初，我重回艾米娜妲家替她測量，看她在我離開這六年進展如何。和她母親及二媽照例寒暄幾句之後，我問：「所以妳女兒還活著嗎？」這不是我們美國人會問熟人的問題，但在馬利完全可以被理解與接受，因為這裡有太多孩童夭折。

她母親聽了便指著一個又矮又瘦、神情木然的女孩。只見那女孩害羞站在一群盯著我們看的孩子後面，看上去比九歲的艾米娜妲該有的樣子小很多。我起先無法相信這是同一個孩子，便翻開筆記重新確認名字，並拿出她三歲的相片說：「我可能搞錯名字了，這才是我說的那個孩子。」

她母親只是笑著說：「對，我知道她看起來不一樣。妳認識這孩子的時候，她確實很胖。她已經病了四年了。」

「可是她以前都吃很多！」我驚呼道：「妳還跟我說她『跟雞一樣』整天吃個不停，甚至會去鄰居家找吃的。到底出了什麼事？」

「喔，她還是那樣吃，比家裡其他人都吃得多！我們每天都給她錢到市場買肉，今天她也有吃。」

「那她為什麼瘦成這樣？」

「因為她已經病很久了。」她母親回答，語調又慢又有耐心，好像在跟腦袋不大靈光的人說話。「大家都知道一個人可能吃很多，但還是很瘦。」

雖然我無意將艾米娜妲納入糞便與尿液研究，但當下就覺得她胃痛和食欲好卻長得慢可能是腸道寄生蟲搞的鬼。「妳有在她糞便裡見過蟲嗎？」我問。「呃，沒有。」她母親這樣回答：「但她都去茅坑，不像小寶寶用塑膠杯。」

我們將小塑膠罐留給她們，隔天再來回收。實驗室檢驗結果出爐，條蟲陽性。由於馬利人多半是穆斯林，不吃豬肉，因此女孩肚子裡的條蟲可能來自牛肉，八成是她吃了市場買的土耳其烤肉，但肉沒烤熟。

我替艾米娜妲買了藥，並看著她把藥吃了。過去的條蟲藥只會殺死條蟲，讓牠們從身體裡排出來，因此可以真的看到條蟲，甚至量牠有多長。現在的藥不僅會殺死條蟲，還讓牠們變得能被腸子消化，因此糞便裡不會有明顯的痕跡，也就無法確定藥是不是真的把條蟲殺了。不過，接下來幾週，艾米娜妲的症狀（劇烈胃痛、痙攣和懶散無力）都消失了。我們警告她以後少買市場的牛肉吃，而她也一直胃口奇佳。她應該能追上條蟲盤據在她體內這四年落後的成長進度，就算不是全部，也多少能追回幾分。

艾米娜妲的遭遇提醒了我，對經常罹患各種疾病和感染腸道寄生蟲的人來說，飲食與健康的關聯一點也不明顯。鎮上這個「胖」女孩一直食量驚人，卻在幾年之內失去了嬰兒肥，並停止了生長。

除了艾米娜妲感染條蟲，全部的糞便樣本裡只有三名孩童的腸道寄生蟲檢驗呈陽性。但在六十八個尿液樣本裡，有卅四個檢驗出血吸蟲蟲卵。這種寄生蟲會引發血吸蟲症，又名黑水熱。幼蟲先在螺類體內發育到一個階段而後脫離，當人踩到髒水裡，牠們就會從人的腳踝和小腿穿入皮膚，在人體內流竄，最後附著在尿道壁的上皮層，導致尿道出血，尿液泛紅。儘管血吸蟲症長期下來會致人於死，但可能多年後才會出現症狀，在此期間則是會造成身體虛弱和貧血。

馬諾布古的孩子會感染血吸蟲，是因為他們常去符拉布拉布拉溪（Fla-bla-bla Creek，意思是「兩個兩個放下去」）踩水和玩水。這條溪流經鎮的北緣，然後匯入尼日河，一年中大多時候都是乾涸的，雨季才會有水，鎮上小孩喜歡在炎熱的午後去那裡戲水。

美國人從小會先包尿布，然後才使用沖水馬桶，這有一個意料之外的好處，就是我們有機會觀察自己和自己小孩的糞便與尿液。馬利的小孩從來不包尿布，很小就學會到樹叢解決或使用幾乎每座合院都有的茅坑。這表示合院裡年紀較長、負責照顧幼兒的成員，比如說他們的父母，不常看到幼兒的糞便或尿液，結果就是糞便裡的蟲或尿液裡的血可能不會有人發現，也就不會治療（各文化對排泄的看法與做法，目前還沒有確切的民族誌研究）。

穆薩十多歲的姪子曾經陪我們去回收樣本，沒想到他自己檢出的血吸蟲感染最嚴重。那天他會和我們一起去，是因為他很無聊，同時想知道自己的叔叔和土巴布「出外奔波」到底在做什麼。我們途中造訪一座忙碌擁擠的合院，發現說好要提供樣本的小孩病了，正好在睡覺。我不想打擾那孩子，但也不想「浪費」塑膠罐，就提議穆薩的姪子去上茅坑，至少提供一管尿液樣本。

他姪子欣然同意，幾分鐘後便拿著一管彷彿裝滿鮮血的小罐子回來了。我和穆薩一臉驚惶看了看那罐子，又看了看那少年，看著他臉上的表情從驕傲微笑變成驚慌與困惑。「怎麼了？」他問。

「你的尿一直都像這樣嗎？」我回答。

「對呀，怎麼了？難道不應該是這樣嗎？其他人不也一樣？」

實驗室樣本分析結果出爐，每毫升超過五百個血吸蟲卵，是實驗室使用的技術所能檢出的最高值。一問之下，少年才說他的尿一直是紅色，他那些朋友也是，因此他從來沒有想過要問其他人這樣正不正常。他知道嬰兒的尿是黃色，但以為長大就會變成紅色。

幾個月後，我隨照護計畫的一隊馬利醫衛人員到馬利北部的馬西納工作。有天傍晚，在熬過漫長炎熱的一天之後，我們談到血吸蟲症。當時我們正坐著一艘大皮若克過河，護士瑪麗安將腳垂到船外泡在河水裡，結果被我罵了一頓。她是博若人，其部落主要以河上打魚為生。她告訴我，有些博若部落認為男孩頭一回撒紅尿就等於女孩初潮，而正如初潮被視為女孩性成熟的徵兆，代表她能懷孕了，紅尿也被視為男孩性成熟的象徵，代表他能使人懷孕了。

對博若人來說，河水就是生命，基本上所有人很早就會感染血吸蟲。由於血吸蟲症可能會潛伏幾年才開始造成血尿，因此大多數男孩都在青春期出現症狀。據瑪麗安說，許多博若部落會為血尿的男孩舉行成年禮，慶祝他們到達新的里程碑。「現在，」她一邊在河水裡洗腳一邊說道，「大家都知道那是一種來自河裡的病。」

雖然博若人得知接觸河水可能導致血吸蟲症，他們還是依然故我。其中一個原因是從感染到早期症狀出現再到最後死亡的時間太長，需要非常多年。就像飲食與健康、性與愛滋、抽菸與肺癌一樣，有些人就是很難相信兩者有關。其他人相信是相信，但還是不改其所為，因為結果太遙遠了。而對博若人來說更重要的一點或許是，放棄河水就等於放棄他們賴以生活的一切。

這部分研究完成後，我們分送藥物給所有腸道寄生蟲或血吸蟲檢驗呈陽性的孩童，並警告家長讓孩子去符拉布拉布拉溪玩水很危險。即便在說的當下，我也知道要小孩不去碰水幾乎不可能，他們注定會再感染，而家長買不起藥。就這點來說，花錢買昂貴的血吸蟲藥根本是打水漂，但我覺得為了家長所付出的時間與力氣，以及滿足我對寄生蟲問題的好奇心和我朋友卡爾鍥而不捨的追問，這是我起碼能做的。

按照計畫，下一階段的工作是增加接受成長和發育調查的孩童與成人，以及深入訪談婦女和其他的孩童照護者，了解嬰兒哺育、斷奶、孩童健康、家庭內食物分配和食物採買的決策過程。我很高興寄生蟲計畫做完了。我期待遇見新的人，花時間坐在樹下談話，而不是好幾小時坐在巴謝上，手提袋裡滿滿全是臭死人的小罐子。

5

大市場
The Grande Marché

努爾人是破壞提問的大師，除非和他們一起生活幾星期，否則不論你再努力探詢最簡單的事實，釐清最看似平常的做法，他們都會竭盡所能讓你白忙一場……我誠摯推薦他們阻擋問題的技巧，給所有飽受民族學者的好奇心折騰的原住民。

英國人類學家，伊凡－普理查

我讓椅子後倒靠著芒果樹，開始打起瞌睡。正午陽光太強，不適合四處走動，但我並沒有汗流浹背，因為汗水還沒到身體表面就蒸發了。熱風掃過合院，曬烤一切，所到之處無一倖免。至少，熱氣讓蒼蠅不會靠近。雞群在我腳邊啄著泥土，尋找掉落的米粒。

這天早上我們做了測量與訪談，前者多而後者少。測量一個家中的所有孩童與正好在家的成人既迅速又容易，訪談則需要花掉合院裡婦女的時間，但她們在早上通常忙得無法坐下來長談。因為早上得上市場和開始弄中餐。下午她們比較有空，只是馬利女人其實很難真的有空。她們通常日出之前就要起床，至少搗一個小時小米，接著生火煮小米粥當早餐。她們整天都有忙不完的粗活，包括用繩子綁著橡膠桶到井裡汲水、砍柴、上市場買一天要吃的飯菜，還有料理三餐。此外，她們通常還有孕在身或正在泌乳（分泌哺乳的乳汁），而且要照顧一個或不止一個小孩。只有當長子或長女長大到可以幫忙了，她們的負擔才會減輕一些。馬利婦女喜歡第一胎生女兒，因為女兒比兒子更能做家事和照顧孩子。不過，至少這些女人下午都會在家，不是在市場，而且可以休息個幾小時才需要開始準備晚餐。對她們許多人來說，友善的陌生人來訪，尤其來的是土巴布，其實是一種消遣。我想了解的那些事情她們都是專家，而我想聽她們的看法，讓她們非常開心。

馬諾布古的後巷幾乎不會有土巴布出沒，因此我身後常跟著一票衣衫襤褸的小孩，齊聲高喊「土巴布、土巴布」。我要是火了，就會用「**法拉分**、**法拉分**」回敬他們。這通常會讓聽見的大人哈哈大笑，小孩們則是愣在那搞不清楚狀況。我覺得自己很有娛樂效果，而這給了我名正言順闖入他們生活的理由，讓我對於自己無法提供具體事物回報報導人的合作與時間，稍稍感到不那麼愧疚。

我們通常在早上造訪兩、三座合院，然後回穆薩家午餐。穆薩和父親、哥哥嫂嫂一家人、未婚的弟弟、他自己的老婆、老婆和前夫生的兒子，還有老婆的姪女同住。他家的合院在河附近的鎮邊上，院落寬敞整潔，還有幾株高大蔭涼的芒果樹。穆薩的妻子魯基婭體型壯碩，身高一百八十多公分，體重超過九十公斤，非常聰明又很有幽默感，同時擅長烹飪。因此我們很早就商量好，週間由她供應午餐給「研究者」，賺取一點薄酬。

通常一座合院裡的成年婦女會輪流煮飯，每天一人做給全合院的人吃。若是一個男人有好幾個妻子，白天煮飯的妻子晚上就有權享受丈夫恩寵。兄弟同住的合院，如果每個男的又都一夫多妻，那麼每個女人煮飯的頻率其實不高，約莫一週一次，但如果算上孩子的份，一次可能得煮二十人以上的飯菜。穆薩家只有兩名成年婦女，他妻子魯基婭和嫂嫂法圖，因此魯基婭通常每兩天掌廚一次。但我只嚐了一次法圖做的飯菜，就確定打破慣例絕對值得。週間只要我們有去搭伙，就會由魯基婭煮午餐，法圖負責晚餐。

馬利有一句知名諺語，土巴布愛大米勝過小米，我自然也不例外。雖然比小米貴，但我們每次午餐都有很多米飯，搭配不同醬料，尤其是魯基婭最擅長的花生醬與秋葵醬。基於對我出身美國下層社會的敬重，魯基婭總會給我一張椅子（而非凳子）、自己的碗（而非眾人共用一個碗）和湯匙（而非用手）。我接受碗和椅子，但拒絕湯匙，寧可用手抓飯吃。

用右手吃飯是一門藝術，最好在戶外練習，讓一群飢餓的雞圍著你，牠們一眼就能瞄到並湮滅你吃得滿地飯粒的證據。由於我手眼不協調，又不習慣用手吃飯，因此總是弄得一地

這是在我1981年至83年的研究期間，調查的一位男孩。和男孩一起的是他母親和出生不久的妹妹。嬰兒出生後的頭四個月，皮膚會逐漸形成黑人特有的黑色素沉澱。

食物。問題部分出在我是左撇子，這在一個左手負責上完茅坑自我清理的文化裡顯然非常不利。料理食物、吃飯和握手都由右手執行。懂禮貌的人絕對不會用左手吃飯，即使食物從碗到嘴的途中會掉得滿地也不例外。只要我在，合院裡的雞就吃得很好。

短暫午休之後，我將椅子放低並大聲說道：「嘿，我們該回去蒐集資料了。」於是我們下午又去了幾座合院，測量了幾個馬利人，做了幾個訪談。這些半設定好的訪談主要討論家庭開銷。我想知道每位妻子每天早上能向丈夫討到多少錢買做菜用的醬料、有多少張嘴要餵，以及如何決定要買什麼。我還想知道她如果有更多菜錢會怎麼做。

「家長貧窮」是孩童營養不良的標準經濟學解釋，但在馬利有不少證據顯示赤貧不是主要的影響因素，因為較有錢的人吃的東西基本上和最窮的人一樣。馬利有一些「發展」計畫旨在刺激所得提升，照理最後會促進孩童的營養攝取與健康。儘管缺乏數據支持，但我從前一次研究「得知」家庭增加的所得很少會花在購買更多或不同的食物。這一回我想較有系統地詢問收入與開銷，希望找出影響馬利婦女消費習慣的確切因素。

結果我的問題很難直接獲得答案。馬利婦女往往不願明講丈夫給她們多少錢，因為這一方面透露了家裡的經濟狀況，另一方面則反映了夫妻關係的好壞。妻子得寵會拿到比較多錢。第二個問題是這裡的女人不大能想像自己有更多錢會做什麼。面對我問：「如果妳每天的菜錢變多了，妳會怎麼做？」她們會說：「我到哪裡去生更多菜錢？」另一個常見的回答是她們會買食物之外的東西，如衣服鞋子等等，或是存起來。如果我說：「不行，妳只能把這些假設的錢用在食物上。」她們會說：「為什麼？既然是假設的錢，為何不能照自己的意思花？」我想了解婦女收入增加如何影響她們買更多或更好的食物，讓自己更健康、孩子長得更好，但她們看不出我背後的用意，全都拒絕配合。

假如我堅持多出來的錢必須買食物，最普遍的回答就是她們會買麵包、馬鈴薯，或通心麵加馬鈴薯。我了解這些典型的土巴布食物，尤其通心麵，對這些每天小米米飯、米飯小米、小米米飯的人來說多有魅力。但身為營養人類學者，我希望這些婦女告訴我，要是她們有更多錢，她們會買我覺得她們的孩子迫切需要的食物，那些富含蛋白質與維生素的健康食品。我希望她們證實自己的孩子成長不足只是（哈！只是！）因為貧窮。

我有時會用話暗示她們，例如：「呃，妳覺得妳會多買一些肉嗎？還是多買一些魚？新鮮水果呢？妳覺得妳會買牛奶嗎？」說的時候我一直覺得會有檢察官從樹後面跑出來，指著我鼻子大喊：「哈！誘導報導人！資料無效！」但沒有檢察官跑出來，而我的報導人繼續堅持，既然我不讓她們假想自己用這些假想的錢買假想的衣服，她們只好買通心麵。所有報導人無一例外，統統認為自己現有的錢已經夠她們買營養均衡的食物了。

幾個月後，我們即將離開之前，我又遇到類似的問題。這回我想搞清楚鄉下的馬利人多常吃肉。我們擠在小屋裡，躲避從撒拉哈颳向馬利北部的狂風與刺人的飛沙。「所以，你們早上通常吃什麼？」（甩掉筆記裡的沙，寫答案）還有「你們中午通常吃什麼？」（甩掉筆記裡的沙，寫答案，抹掉臉上的沙）「你們下午會吃點東西嗎？」（甩掉筆記裡的沙，寫答案）以及「晚餐呢？」（甩掉筆記裡的沙，寫答案，用手背揉眼睛）。

「好，那可以告訴我，你們多常吃肉？」我問，天真地想這問題很簡單。

「有人殺羊的時候。」

「好，那多久會有人殺羊？」

「有人需要錢的時候。」

「啊？」

「有人需要錢，他就會殺羊，把肉賣給鄰居。每家都會買一點。等肉賣完，那人賺到足夠的錢，我們其他人也都有肉吃。」

呃，我心想，感覺跟銀行差不多，只是用肉不用錢。

「為什麼有人需要錢？」我問。

「喔，買藥、付學費、探訪親戚或去巴馬科找工作。」

「通常多久會有人像這樣需要錢而殺羊？」

「很難說，看情況。」

啊——可惡。「好吧，」我嘆口氣說，「你認為這個村子每天都有人殺羊嗎？」

「當然沒有。」

「每週一次？」

「沒那麼頻繁。」

「每個月一次？」

「有時候，偶爾不止。」

「一個月兩、三次？」

「可能兩次。」

「所以你們通常一個月吃肉兩次？」

「照妳這樣算的話。」

呼！這簡直跟拔牙一樣，而且到底有幾分接近事實？我心驚膽跳再往下問：「那你們多久吃一次魚？」

「喔，魚我們天天吃，有時一天兩次，中午和晚上。」

我一臉狐疑抬頭看她，想知道她是不是在逗我，但她很認真。「魚都是新鮮的嗎？」

「不是，有時新鮮，有時是乾魚，有時是煙燻。」

這次不錯。「那你們多久喝一次牛奶？」

「富拉尼人牽著乳牛來賣牛奶的時候。」

又來了，我心想。「富拉尼人多久會牽牛來？」我語氣輕快地問，同時心想：「怎麼可能有人能問出可用的資料？」

之所以很難問出馬諾布古的婦女如何用錢，其中一個理由是，在第三世界許多地方，所有東西都是可以講價的，馬利也不例外。這裡不像美國的零售店，所有東西都有定價，馬利任何東西都要講價，而且有一定的規矩。首先，幾乎沒有東西有絕對的價格，一個東西的價格全看對方願意出多少錢，不會多也不會少。有些東西的定價標準雖然有通則，但由於太過仰賴東西的品質（不論是堆成金字塔的聖女番茄、一匹紮染布或一頭幼驢都是）和買主多想擁有，以致實際價格還是談出來的。其次，對賣家而言，為了讓買家經常「光顧」，往來初期某些東西賠本賣是值得的。攤販會極力爭取土巴布的光顧，主動大幅殺價，好讓土巴布成為常客，因為土巴布經常有錢可花。第三，比較有錢的人知道自己買同一件東西付的錢會比窮人高。土巴布通常更要付上兩、三倍的價錢，因為土巴布再窮——和平工作團志工和人類學者之類的——也比有錢的馬利人富裕得多。第四，講價不僅為了談一個好價錢，更攸關人際關係的建立與維繫。雙方必須抱持善意認真講價，知道彼此都要各退一步才能談出雙方都可接受的妥協。在冗長的討價還價後，最令人滿意的理想結果就是雙方都覺得自己占到便宜。

想看馬利人從事經濟活動和熱烈討價還價，位於巴馬科市中心正中央的Grande Marché（法文的「大市場」）是最佳場所。光用言語無法形容置身其中的氣氛。它的建築是所謂的「法屬蘇丹」風格，所有拱門與角樓如今都已經褪色成骯髒的橘，內部由一圈圈的攤位構成數層同心圓，圈與圈之間隔著狹窄曲折的走道。就算再晴朗的天氣，裡頭也依然昏暗，因為室內採光全靠電線串著的燈泡與屋頂縫隙透進來的日光。大市場的中央從前是露天的，從陰暗的室內走到刺眼的陽光下，讓人隱隱感覺好像會在迷宮中見到牛頭人身怪。

一踏進大市場，你的所有感官都會瞬間淪陷：眼見、耳聽，尤其是聞。這裡的攤位會讓你眼花撩亂，焚香、沒藥、香料、螢光綠胸罩、單車鏈條、塑膠杯、可樂豆、源自威尼斯的古董貿易珠、金子、銀子、猴頭和「魔粉」，無奇不有。這裡的嘈雜震耳欲聾，方言土話南腔北調，攤販顧客討價還價，招呼寒暄此起彼落，嬰兒淒厲號哭，頭頂上方還有棲息在角樓尖端的鴿子哀號。

但市場裡最震撼的體驗始終來自鼻子，巴馬科大市場尤其如此。從不知名食物發出的誘人香氣，到堆成金字塔狀的焚香、沒藥和香料，再到汗水、灰塵和尿騷味，加上四處瀰漫的陳年霉味，這裡濃縮著馬利的全部。大市場將這個國家的所有景致、聲音與物質文化提煉匯聚成一個令人目眩神迷的熱鬧體驗。踏進市場裡曲折的走道，就像鑽入時光隧道，瞬間回到一世紀前。

大市場一角有一條「珠玉巷」，寬闊的走道兩旁全是叫賣珠子、青銅小鑄像、雕像、珠寶飾品、皮包和其他華麗服飾的攤販。這裡有專為認真的買家準備的小木凳，你得有非凡的耐心與力氣才能逐一看完精心擺在地上的所有好東西。不過，有毅力的買家最後總是會有意外或有趣的驚喜。

我在大市場挖到不少寶貝，包括兩個約十公分高的青銅小鑄像。一個是奴隸，手腳被綁在柱子上，表情痛苦。這位無名藝術家將奴隸營養不良的模樣刻畫得維妙維肖，有如解剖般精準，所有肋骨都凸出來，鎖骨在枯瘦皮膚下清楚可見，甚至連背上的鞭痕也沒有遺漏，新傷與舊疤栩栩如生。

另一個鑄像是跪著的孕婦，感覺就要臨盆，是所有西非生育女神的化身。大學時，我曾經去過一位民俗學教授家，他收藏了許多這類精緻的西非青銅小鑄像，擺在鏡面架上的玻璃盒裡。湊近看會發現，那些鑄像全是男女性交的動作，其中一些對天真爛漫的美國大學生來說實在匪夷所思。我在巴馬科大市場認真找了很久，始終沒有見到那樣的鑄像。

只要到大市場，我就會去找希迪。他賣的編織品五花八門，包括富拉尼婚毯和美麗別緻的**波哥藍費尼**（*bogolan-fini*，泥染布）。泥染布是馬利名產，這應該不難理解。希迪一臉精明，是很有頭腦的生意人。我之所以會和他成為朋友，是因為我用班巴拉語開他玩笑（雖然他母語是塔馬謝克語），揶揄他對土巴布漫天開價，而且每次到大市場就算不想買東西也會去找他。他膚色有如老舊的桃花心木，緊張時習慣摘下他的藍色頭巾，雙手匆匆搔他頂上無毛的腦袋，再戴回去左喬右弄。

有次週六下午，我資料蒐集完了就抽個空檔去大市場找他，繼續為自己看中的那條美麗的富拉尼婚毯講價。我們已經討價還價了好幾星期。富拉尼人牧牛為生，在西非逐水草而居。他們平日住在帳篷裡，婚毯其實是帳篷的牆，用來隔間，為新婚夫妻保留一點隱私。這種毯子使用傳統織帶機由羊毛和棉線混紡而成，以點線和幾何圖形為花樣，再用天然染料上色，從淺褐、黃、白、黑、鏽紅到深靛藍都有，一般長五公尺，寬二點五公尺。我和史蒂芬一九八三年買到一條特別精緻的婚毯。我在心裡自問，我們連那條婚毯都還沒有地方掛，到底還需要多少條這種毯子？但希迪有的這條毯子真的很特別，織工精巧，狀況很好，而且最特別是上頭有些圖樣是綠色的。我很想要那條毯子，但我知道講價的頭號規矩就是「千萬別讓賣家知道你有多想要那東西」，因此我始終淡定，每隔一、兩週才去找希迪講價，把價碼再開低一點點。我心裡的算盤是討價還價到回國之前，這樣才能講到最好的價錢。

希迪知道我想要那條毯子，也曉得我不是普通的觀光客，不可能照他開的價給錢，更不會落入他那套「如果不快點買就會被別人買走」的話術。我跟他說自己其實不需要再買一條毯子，這當然是真的，還有我買不大起，這也是實話。我有幾次帶著其他土巴布來，包括我的人口學家室友湯姆，希望他們能跟我分這條毯子和費用。

有一回我又去找希迪，我們討價還價到一半，忽然有兩位法國觀光客來到他攤位前。希迪立刻轉移注意力，開始端出自己帶來的各色毯子打開來給他們看，用法語使勁誇讚。那對觀光客看中一條泥染布，問希迪多少錢。希迪眼睛眨也不眨就替這條「獨一無二的毯子」開價兩萬五中非法郎。我很清楚他櫃檯底下還有幾十條同款毯子，就算不是一模一樣，也很類似。我也知道賣給土巴布的泥染布底價是三千中非法郎，相當於八美元。那對法國夫妻一邊欣賞毯子一邊討論價錢，希迪轉過頭，眼神哀求地望著我，顯然表示：「求求妳別開口，拜託！」法國男人拒絕希迪的第一次開價，表示他只能付一萬中非法郎。希迪厭惡地雙手一攤，猛翻白眼說：「Mon dieu（法文，我的老天），你這樣根本是侮辱我，要我怎麼繼續做生意？這一條毯子是上等貨，大市場裡找不到第二家有賣了。不過……既然你們是稀客，兩萬中非法郎或許能接受。」他們就這樣你來我往，出價殺價了好幾回，希迪愈開愈低，觀光客愈開愈高，最後終於講定以一萬八中非法郎售出，幾乎就是兩人最初開價的中間。觀光客掏錢付帳，希迪將毯子綑起來，用紙包好，那對夫妻就開開心心帶著戰利品離開，得意洋洋自己狠賺一筆。畢竟，他們不是把價錢從兩萬五砍到了一萬八了？

希迪歡天喜地轉頭對我說：「好姊妹，謝謝妳沒開口！」「廢話，」我回答，「只要我能用一萬八中非法郎買六條毯子，法國遊客只能買到一條關我屁事？你開心，他們開心，只要你賣我三千中非法郎，那我也開心！客人肯付多少，毯子就值多少。就算你賣我三千中非法郎，還是賺很多，對吧？」他呵呵笑著朝我眨眨眼說：「說到妳那條婚毯……」

6

終於到了非洲鄉下

Rural Africa at Last

從歐洲的觀點看，努爾之邦沒有任何可誇耀之處，除非貧瘠也算是優點，那無盡的沼澤與遼闊的草原有著樸素單調的魅力……但努爾人卻自認活在世上最好的樂土……

伊凡-普理查

我剛覺得測量孩童和訪談婦女的工作開始變得無聊，新的研究機會就來了。事後證明，這個機會不論是對我的職業或個人生涯都影響深遠，而且事前完全無法預見。一切始於我去找凱瑟琳·史戴克和拜卡利·特拉奧雷那一晚。凱瑟琳替「免於飢餓」工作，這個非政府組織總部位於美國加州戴維斯市，以終結全球飢餓為使命。拜卡利是馬利非政府組織AMIPJ[1]的員工。AMIPJ是縮寫，因為它的法文全名實在太長太難唸了，其宗旨為藉由草根發展計畫提高青年就業。「免於飢餓」提供金錢與技術支援給AMIPJ執行「教育信貸」計畫，凱瑟琳正好來馬利視察。國家發展總署在巴馬科的醫衛官員建議拜卡利和凱瑟琳找我商談，協助他們在馬利鄉間實施的信貸與收入創造計畫，替他們設計營養教育。他們選中的地區是多貢。

凱瑟琳先自我介紹，接著轉頭看著拜卡利說：「這位是特拉奧雷先生，他是多貢區田野計畫的巴馬科支援組組長，會說一點英語。」

我轉頭和特拉奧雷先生握手。這裡一如西非所有地方，所有人握手完畢才會談正事，就算現場有二十個人也不例外。我很意外他這麼年輕，身材瘦小，容貌英俊，雙眼炯炯有神，五官如雕刻般精緻，面孔像極了非洲王子。他態度正式，有些拘謹，似乎不曉得我是怎樣的一個人。

我握著他的手不放，開始用班巴拉人的老方式和他打招呼。特拉奧雷臉龐一亮，開始吱喳回應，把發問權搶了去。我們交換了一般的問答之後，又多你來我往了幾次，接著我若無其事說：「我的班巴拉名字是瑪麗安．迪亞拉。可惜你是特拉奧雷家的人，我想我沒辦法跟特拉奧雷家的人共事，因為所有人都知道特拉奧雷家的人既懶惰又沒用，只會整天坐著吃豆子。」拜卡利哈哈大笑，開始劈里啪啦問候我的祖宗八代與飲食習慣，我只聽得懂他批評我母親個性和我愛吃豆子的部分。最後他感嘆我是迪亞拉家的人，安慰我別因為自己不姓特拉奧雷而難過。

「你們兩個在講什麼？」凱瑟琳用英語問道。

「我們在互罵，」我諱莫高深地說，「拜卡利姓特拉奧雷，而我姓迪亞拉，所以我們馬上有了戲謔關係。」

戲謔關係（joking relationship）是社會認可的一種正式搞笑，基本上是互罵髒話，通常繞著一般屬於忌諱的身體部位或生理機能打轉。在某些文化，戲謔關係是親戚之間的一種互動方式，血親或姻親都有，例如父系社會的表兄弟等等。遇到可以有戲謔關係的親戚，你不僅能粗魯又親蜜地嘲弄對方，甚至別人也期待你這樣做，只是永遠必須是出於好玩而非惡意。戲謔關係和那種保持距離與敬意的正式關係不同，例如父系社會的父子關係。

在馬利，戲謔關係除了存在於幾等親之間，也存在於某些姓氏之間。由於我（身為穆薩的乾妹）的姓氏是迪亞拉，因此自動和姓氏為特拉奧雷的人有了戲謔關係。這種姓氏戲謔最常用的脣槍舌劍就是嘲笑對方超愛吃豆子，會這樣說當然是因為豆子和放屁大有關聯，而馬利人覺得放屁特別滑稽。

豆子和放屁先擱一邊，凱瑟琳開始一本正經解釋起他們需要哪些專業。「免於飢餓提供主要的經費與技術支援，協助 AMIPJ 在多貢推動婦女信貸發展計畫。」她說：「這個計畫行

1 譯註：AMIPJ，全名為 Association Malienne pour l'Insertion Professionnelle des Jeunes，馬利青年就業協進會。

之有年，當地不少婦女靠著小規模方案賺錢，包括加工和出售稻米與小米、買賣食鹽或乳木果油等等。我們問她們想怎麼用賺來的錢，她們說最優先想要用來改善小孩的健康。」

「聽起來很棒。」我答道：「我能幫什麼忙？」

「這個嘛，我們認為比起疫苗接種和其他高技術方案，營養教育是最好的做法。由於那裡的婦女每週都會參加信貸互助會議，因此我們想在會議裡加上一點營養教育。那些會議由替AMIPJ工作的組長（*animatrice*，法文）主持。她們全是受過教育的年輕馬利女性，住在鄉村，會到鄰近村莊推行方案。但我們不曉得這裡的人需要哪種營養健康教育，所以希望妳能協助我們發展營養宣導訊息。」

「那些村子營養不良的情況嚴重嗎？」我問。

「我們知道那裡有營養不良的情形，但缺乏確切數據指出問題的嚴重度與原因。我們有些職員受過營養和健康訓練，但截至目前他們都把重點擺在組織婦女協會、管理信貸和提供創業的經濟協助。妳有什麼建議？」

「首先，你們必須搞清楚營養不良孩童的數量、年齡和性別比例，還有他們是蛋白質熱量營養不良比較多，還是紅孩症比較多。接著，你們還得了解營養不良的主要原因。那裡經常糧食短缺嗎？」

「那裡偶爾會有季節性的糧食短缺，但糧食產量算是自給自足。事實上，這正是AMIPJ

選擇多貢的原因之一。不過，我很確定有些小孩嚴重營養不良。」

「你們對當地餵食嬰兒的方式了解多少？例如什麼時候開始餵固體食物、什麼時候斷奶、他們會給幼兒吃的食物有哪些之類的。」

「老實說，我們對這些事一無所知。」拜卡利接口道：「但我想有些母親會等小孩斷奶了才給他們其他東西吃，大概兩歲左右，一斷奶就直接讓他們吃飯。」

「嗯，這是典型的外人看法。」我解釋道：「這些母親在孩子還沒開始吃主食之前，通常會說自己的小孩除了母奶什麼也沒吃。水果、蔬菜、花生、牛奶和魚之類的東西對她們來說都不算，因為不是小米或稻米。」

「妳能協助我們嗎？」凱瑟琳再次問我：「我知道妳有自己的研究要忙，妳會有時間嗎？還有，妳會收多少顧問費？」

資料，大筆大筆美麗的資料、海量的資料，在我眼前飛舞。走進鄉下一個村子說「我可以測量你的孩子嗎」不是隨隨便便就能做到的事。這是個絕佳的機會，只要應對得當，就能接觸到成百上千位非洲鄉村住民，而且個個樂於配合，因為我是AMIPJ資助的人。除此之外，AMIPJ還提供四輪傳動車、有泡棉床墊的乾淨小屋和各村的聯絡人，並會替我準備食物。他們的提議對我來說簡直就是挖到寶了。

巴馬科早已成了又大又髒的城市，而「真正的非洲」——我在無數民族誌裡讀到、研究過的那片土地——不在那裡，它在首都的勢力範圍之外。現在卻有人雙手奉上，捧到我面前。我努力克制自己的情緒，裝作若無其事。

「我得先做人體測量調查，確定當地營養不良的程度與類別，還有性別和年齡分布，同時還要進行民族誌式的研究，可能得藉由『鄰里會議』來確定多貢區對飲食、孩童與孩童餵食的認知是否和巴馬科一樣。假如你們的人能提供交通工具，後勤上支援我在各村莊進行測量與訪談，支付我的開銷，並同意我將蒐集到的資料用於自己的研究，我就願意無償幫忙。我會提交一份報告，並針對營養不良最嚴重的區域提供營養宣導訊息上的建議。」

「真的嗎？」凱瑟琳一臉驚喜。「那真是太好了。我們該怎麼安排？」

我和拜卡利討論了進行三天考察所需的細節。要設計出合適的調查內容，我得先去感受當地，接著跟負責田野工作的人談，解釋我們要做什麼，並且排出時間表，最後還得決定米蘭達能不能一起長途跋涉進行調查。要是當地生活條件很差，我不希望拖了她離校一週跟著我到處跑。我尤其擔心那裡供應的食物。我和拜卡利定好第一次考察的時間，送他和凱瑟琳回車上，順便又互開了幾個玩笑。回到屋裡，我小心翼翼關上紗門，這才稍微手舞足蹈高興了一番。

接下來的幾天我興致高昂。我可以將米蘭達托給住在附近的英國傳教士家庭，他們的兩個女兒跟米蘭達年紀相仿，本來就是好朋友了，米蘭達也經常到他們家過夜。我是典型的人類學者，對傳教士向來缺乏好感，因為他們堅信自己的宗教比當地住民既有的信仰更好，甚至會認為對方毫無宗教思想。但另一方面，傳教士都是大好人，而且感覺很有責任感，最重要的是願意替我照顧米蘭達。我有點疑慮是否要讓她在傳教士家待三天，但這似乎是最好的選擇。要說服她待在這裡比較好並不難。

但要說服穆薩，讓他相信去幾天「叢林」是他工作的一部分，就沒那麼容易了。

「那些人跟野人一樣！」他氣急敗壞地說。

「你講話跟土巴布一樣。」我答道。

「真的。」穆薩依然堅持。「他們相信巫術與靈，食物也可能很恐怖。鄉下人很落後，什麼都不知道，也從來不洗澡。」

「我快被你笑死了，穆薩。你待過休士頓和紐約市，很清楚大多數美國人對你們的生活方式是怎麼想的，沒想到你對自己的同胞一樣有偏見，只要他們是鄉下人。」

「我沒辦法，」他答道，「我在巴馬科長大。我只知道一定會很可怕。」

「欸，你至少可以試個三天。這對我來說是千載難逢的好機會，要是真的很恐怖，我和你永遠不會去第二遍。為了這一趟，我會多帶食物，甚至替你買一條好菸。」

穆薩最後終於點頭答應，而首次考察多貢的出發日很快就到了。儘管我有些疑慮，米蘭達也是，但還是安排好她放學後會和朋友一起回家。我和希瑟打包好，等著拜卡利上午十點來接人。但幾分鐘、幾小時過去，我的心情也從亢奮轉為極度失望。我沒有電話，沒辦法聯絡上拜卡利，了解到底出了什麼事。是馬利人沒有守時守約觀念的老毛病又犯了？還是整趟行程都取消了？

快到傍晚，拜卡利終於來了。我還沒拿起裝備，他就提議我們延後一天出發，因為他隔天早上有一個會要開。「什麼！」我火冒三丈：「我們花了好幾天安排這趟旅程，我還安排米蘭達讓人照顧，把家裡所有食物吃完，免得有東西餿掉，結果你竟然隨口說『我們明天再出發吧』？不行，想都別想。」

晚一天出發對拜卡利不痛不癢。不論他在不在家，都有妻子在家替他準備飯菜，替他照顧三個孩子。他無法理解讓米蘭達去住陌生人家對我是多大的負擔，因為他有家人樂於替他照顧小孩，一有需要隨時都能幫忙。家裡沒有冰箱、每天到市場買菜的人，不會了解家裡沒有食物會是問題。我心底民族誌學者的那個部分可以理解他的想法，因為一旦錯過重要會議，主管就會找他麻煩。他在安排我們的出發日時，顯然忘了開會的事。但延後行程對我而言實在非常困擾，就算延後一天也一樣。難道我的要求不合理嗎？

我們爭執了很久。拜卡利說他非去開會不可，否則他老闆會氣炸。我說我們商量好的事對他很有利，他卻不夠尊重我。我還說他的老闆很清楚他要陪土巴布去多貢的田野地，不會出席會議。「今天出發，否則計畫一筆勾銷。」我反駁道。

最後因為我的堅持，可能再加上我是土巴布，拜卡利讓步了。我們將設備放上卡車，朝多貢出發，途中去接穆薩。往多貢的路在出了巴馬科市之後轉向東南，離開河岸朝象牙海岸走。拜卡利一出巴馬科就鬆了口氣，我們的關係又和好如初了。離巴馬科愈遠，鄉間景色就愈翠綠，樹木變得更高、更濃密，樹下長滿灌木叢與綠草。沿路村莊景致如畫，圓頂泥磚屋零星點綴著道路兩旁。只要進到村莊，狗就會跟著卡車跑，孩子們會出來揮手，瞄到我們的臉就跳上跳下、興奮高喊「土巴布！土巴布！」。我們在路旁一座紅泥磚牆、屋頂鋪滿鴕鳥蛋殼的小清真寺前停了下來，品嚐晚熟的芒果。

雖然直線距離只有一百二十公里左右，但到多貢得在柏油路上開車兩小時，轉到車轍斑斑的蜿蜒泥土路上得再開兩小時。柏油路走完後，我們頂著炎熱一路顛簸，雖然兩手緊抓著前面的座椅，但只要卡車駛過特別大的窟窿，我們的腦袋還是會撞到車窗或車頂。我頭很痛。道路兩旁全是田地，排列整齊的玉米、小米與高粱櫛比鱗次，統統接近成熟，還有許多我叫不出名字的矮樹叢。「那是什麼食物？」我問：「花生嗎？」

拜卡利轉頭看我，臉上露出好笑又吃驚的表情。「那不是食物，是棉花。」他說：「你們美國人不種棉花的嗎？」

「呃，我們有種，而且種很多，但我從來沒見過。」我心虛解釋道。「鄉下的人為什麼要

多貢區的傳統茅草圓頂泥磚屋。

種棉花？」我問。

拜卡利再次豎起眉毛一臉狐疑望著我，想確定我不是在開玩笑。「他們要穿衣服啊。」

「喔。」我反嗆回去：「我只是問他們是為自己種的，還是把它當成經濟作物。」

「如果有剩的話，他們確實會賣。」拜卡利承認道。

我還來不及繼續展現自己對鄉下生活的無知，拜卡利就說：「多貢村到了。這裡是多貢區的首府，我們得下車跟區長打招呼。」我們在幾棟水泥建築前停了下來，照例自我介紹、解釋來由和互相問候一番，接著便前往和村子有點距離的 AMIPJ 辦事處。拜卡利向我們介紹這次田野計畫的主任法拉耶．杜姆比亞，接著便去隔壁的貝勒坎村招呼我們的晚餐了。

對於法拉耶只有一個字能形容，那就是「帥」。他身高超過一百八十公分，膚色有如濃郁的牛奶巧克力，嗓音低沉又有磁性，握手有力而充滿自信。接下來幾週，我更是體會到他機敏好問的心靈、解決鄉村問題的務實手段與絕佳的幽默感，並為之深深折服。

和 AMIPJ 其他辦事處一樣，法拉耶家是一座維持良好的大合院，有兩個長方形的都會式鐵皮屋頂水泥磚房，合院中央是一座傳統的派洛特（*paillote*），也就是矮牆圍繞的露天草棚。茅坑在合院一角，用一點五公尺高的牆圍著。他們安排我和希瑟住在其中一間磚房，接著邀我們和法拉耶、司機馬坎、穆薩與幾位村民到村裡走走。途中最特別的，就是遇到一名少年正在用炭盆烤一隻肥大的蜥蜴。

多貢村一名少年正用刀刮去烤蜥蜴的鱗片。

回到法拉耶家，我們圍坐著愉快交談，一邊嚼著生花生一邊輕鬆享受平靜的氣氛。生花生吃起來很脆，帶點水分，跟美國班機上提供的鹽烤花生完全不同。白天的炙熱慢慢散去，夜色轉眼低垂，赤道附近都是如此。村裡飄來孩童嬉戲與狗吠的聲音。

「待會兒我們就去隔壁的貝勒坎村，你們來的時候有經過。」法拉耶解釋道：「他們在替我們準備晚餐。」

穆薩異常沉默。「穆薩，你怎麼了？還在擔心這裡的食物不能吃？」我逗他。

「不是，」他回答，「我感覺不大舒服，頭真的很痛，我想我感染瘧疾了。」

「我袋子裡有阿斯匹靈，還有氯喹，你想吃嗎？」

「當然，那太好了。」

我拿出（不再裝滿小塑膠罐的）Lands' End 手提包，伸手到裡頭找藥。有人遞了手電筒給我，我撈出三片氯喹錠給穆薩，這是感染瘧疾的標準初次服用量。其他人聽到了，也跟我要氯喹和阿斯匹靈，我樂於從命。馬利人覺得（通常也沒錯）所有西方人都隨身攜帶大批藥物和醫療器材，而且懂得怎麼服用與使用。如果有人想寫書介紹如何在馬利結交朋友和拓展人際關係，第一條建議絕對是隨身攜帶阿斯匹靈。在這個經常有人頭痛的國家，光是擁有阿斯匹靈就能讓你交到朋友。我的藍色手提包裡裝滿氯喹、酒精綿片、OK 繃、紗布繃帶、膠布和維他命，後來被多貢人用法文稱為「叢林藥房」，不知道替我開啟了多少道友誼之門。

蚊子變多了，於是我掏出防蚊膏在手臂和腿上抹了厚厚一層，然後遞給希瑟。她擦完之後又拿給穆薩，就這樣傳了一圈。「這是什麼？」法拉耶問。「這是驅走蚊子的。」我說。「真神奇。」他緩緩搖頭道：「你們美國人什麼都想到了。」

「什麼意思？」我問。

「你會帶藥以防頭痛，還會帶藥以防感染瘧疾，甚至帶藥不讓蚊子咬你。」他說話的語氣彷彿這樣做很蠢，讓他覺得不可思議。

「這有什麼問題？有了阿斯匹靈，還要頭痛做什麼？」我回答。

「你們美國人感覺很弱，」他解釋道，「承受不了任何痛苦，跟妳的手和腳一樣。」

「我的手和腳？」

「沒錯，妳的手跟馬利人的手不一樣，很柔很軟，沒有任何粗皮或硬繭，因為從來沒做過粗活。妳的腳也是，因為一直穿著鞋子。」他轉頭問其他人：「你們有見過土巴布不穿鞋走路的模樣嗎？」

「有啊，有啊。」他們笑著說：「跟鴕鳥一樣。」

「好吧，這我承認。」我同意道：「我用腦工作，用手臂測量孩子，不是用手。我也沒有每天搗小米、磨乳木果油或砍柴，但我還是不明白為什麼要白白忍受疼痛。」

我們還沒繼續往下討論，一輛路華就停在了我們面前，拜卡利在車上吆喝我們上車去貝勒坎村吃晚餐。這時已是晚上十點，天色全暗，我早就餓壞了。我們開了很短一段路，接著跟在拜卡利後頭走過漆黑蜿蜒的小徑，我途中絆倒了好幾次。我們走過合院，裡頭的小孩躲在母親後面或小屋門口偷看我們。小屋裡閃著煤油燈光。最後我們終於到了AMIPJ組長的合院，晚餐已經準備好了。

他們讓我們坐在木雕的三腳凳上，幾名婦人在火旁忙著替我們弄飯菜，柴火餘燼和樹枝上那盞煤油燈是唯一的光。拜卡利、穆薩和馬坎跟我們一起圍成半圓坐著，輪流用一小碗水洗手。「主啊，求你讓食物是可以吃的。」我在心裡默默禱告。整晚都很安靜的希瑟突然湊過來在我耳邊說：「感覺好怪喔！我不敢相信真的發生了。我們真的到非洲鄉下來了！感覺好不真實，跟巴馬科比起來，這裡好有異國情調。」

一名婦人捧著一大碗熱騰騰的玉米糰來到我們面前。玉米糰的班巴拉語是卡巴飽（*kaba tob*），在西非許多地方則叫玉米麩麩（*fu-fu*），煮好後會先放涼「定形」，再用葫蘆杓挖成一瓢一瓢巴掌大小的玉米糰放進大碗裡，中間放一個小碗，裝滿秋葵、洋蔥和香料打成的濃稠青醬，讓用餐者扒下玉米糰沾醬吃。婦人端上來的玉米糰份量又足又可口，而我飢腸轆轆，因此吃得跟其他人一樣多，只是比較慢，因為我手不靈活。我看得出來村民們見到土巴布吃得狼吞虎嚥都很開心，也很意外。

隔天清晨天高氣爽，空氣中瀰漫著上百個爐火發出的柴煙味，比巴馬科的噪音與汙染怡人得多。法拉耶家合院後方有一株大樹，上頭棲息了幾百隻小織巢鳥，這會兒在我們頭頂上方吱吱喳喳，左飛右撲。早餐是小米做成的小米糰，用乳木果油炸過之後淋上辣椒醬，搭配加了大量煉乳的雀巢深焙咖啡。吃完飯後，我們便啟程前往恩騰科尼村和梅瑞迪拉村。

我們經過幾個小村莊，小屋散落在成畦的高大玉米與小米之間。棉花種得比較遠，在村落與村落之間，因為棉花比較不用擔心鳥啄。公路已經殘破成狹窄的泥土小徑，肩上掛著短柄鋤頭的男人們騎著單車，騎到路旁的雜草叢裡讓我們先過。他們要去遠處的田地，趁著玉米收成前的農閒，整理休耕已久、來年要種東西的土地。少年趕著小群的山羊或綿羊走在路旁，跳上跳下朝我們揮手。這時馬坎忽然猛地左轉，閃過隱藏在及腰草叢裡幾乎看不見的沼澤。「還好馬坎對路很熟。」我心裡想。

又過了好幾分鐘，我隔著骯髒的擋風玻璃瞥見前方出現茅草圓頂，村子到了。恩騰科尼村位於多貢以北，隱身在大片灌木叢中，小到多貢村跟它一比簡直就像繁榮的大城市。我們在村子裡繞了一圈，基本上沒什麼人，身體健康的小孩與大人幾乎都到田裡去了，只剩老人和帶著幼兒的婦人。這裡和馬諾布古不同，沒什麼明顯的規畫，屋子與屋子之間有幾條小徑，但許多合院要進去只能從隔壁的合院。大多數合院都很小，只有兩間房子，一間睡覺，另一間煮飯和貯物。

「唉唷，穆薩，」我說，「我得上廁所，你能找人帶我去茅坑嗎？」

「當然。」他簡單問了幾句，我們的嚮導（村長兒子）就帶我到一個有牆圍著的小地方，遞給我一瓢水。

我走進茅坑裡左看右看，困惑地站了幾分鐘，最後終於回到座位怯生生對穆薩說：「那裡沒有洞！」

穆薩過來看了一眼，隨即走回去說：「妳直接尿在地上，然後用水沖到牆角的洞裡。」

我回到茅坑找到那個洞，發現它從外牆底下通出去。這裡不是讓屎尿落進坑裡，而是直接沖到合院外圍，隨即被大大小小的食腐動物分解殆盡，包括無所不在的蜣螂。「嗯，這個做法還蠻有意思的。」我心裡想。這套系統只有在小村落行得通。

造訪行程的終點是拜見年邁的村長。他坐在藤架下的木台接待我們，架子上爬滿了濃密的藤蔓。之後我們回到當地組長的合院，所有人都去午睡了，只有我溜到附近的田地，在田中央發現了一口井。我朝一棵沒有葉子的大樹走去，那棵樹有一根粗大的枝幹往下垂到地面。

我推開高高的草叢爬上枝幹，一路往上爬到主幹附近，站起身子轉頭張望鄉間，只見四面八方全是玉米和小米田。恩騰科尼村在要遠不遠的地方，樹木遮去了比較遠的村子，但我知道它們就散布在田野之間。我坐下來在枝幹上晃著雙腳，沉浸在鄉間正午的平和、美麗與徹底的寂靜之中。

穆薩和馬坎一直在觀察我，兩人都覺得爬樹既沒意義又奇怪，見我回來便走到我面前開口問道：「土巴布都會爬樹嗎？」問的人是馬坎。「不一定。」我說。穆薩將我拉到一旁，跟我說只有動物才會爬樹。

之後我們再次到村裡探險，結果遇到了第一個罹患紅孩症的孩童。那個小女孩有著紅孩症的所有標準症狀，比如臉圓而腫，像被人毆打過，手腳和臉也都很浮腫。但最關鍵的症狀是她腹部異常鼓脹，把洋裝的腹部繃得死緊，有如孕婦一般，看上去非常不協調。她眼窩凹陷，眼神無光，臉上表情哀傷而漠然。

紅孩症名字怪，本身也怪，通常出現在兩到三歲的孩童身上，原因是飲食裡蛋白質嚴重缺乏，熱量卻攝取過高，唯有如此才會得病。諷刺的是，同時缺乏蛋白質和熱量只會導致虛弱（marasmus），也就是蛋白質熱量營養不良，反倒不太會致人於死。紅孩症肆虐的地區通常主食蛋白質含量極低，如樹薯、蕃薯和馬鈴薯都在此類，但高熱量食物豐沛，像是酪梨、香蕉和棕櫚油等等。這種病在馬利相當罕見，因為這裡的主食如玉米、小米、稻米和高粱的蛋白質含量都不低，而高熱量食物很少；但在其他比較富裕潮濕的西非國家就常見許多，如喀麥隆和幾內亞，因為當地主食極度仰賴樹薯。

我和小女孩的母親打了招呼。她坐在木頭上，懷裡抱著一個更小的孩子。那男孩長得肥肥嫩嫩，很健康，我搔他下巴，逗得他呵呵笑。紅孩症通常出現在幼兒斷奶後，因為母親要改餵剛生下來的弟弟妹妹。就算到了兩、三歲，只要還在喝母奶，小孩就有足夠的蛋白質將紅孩症擋在門外。但是斷奶之後，如果找不到高品質的蛋白質來源取代母乳，就可能罹患紅孩症。我跪下來跟小女孩打招呼，但她實在被紅孩症搞得太虛弱了，即使從來沒見過土巴布，也沒有微笑或嚇哭。我很難判斷她到底在想什麼。

「這女孩怎麼了？」我問她母親。

「她得了符努巴那，」女孩的母親回答，「已經病了一週左右。村裡另一個孩子上週得了這個病死了，也許是他傳染給她的。」

符努巴那（*funu bana*）直譯為「腫大症」，指的是紅孩症的標準症狀，臉部、手腳和腹部的暫時性水腫。「妳有藥可以治這個病嗎？」她問我，眼裡閃過一絲希望。

「呃，這個病最好的解藥就是好食物。」我說：「妳最好每餐多給她一點肉和奶，但千萬別一次給太多！」我警告她。治療紅孩症有一個麻煩，就是蛋白質匱乏的身體突然攝入大量蛋白質，可能導致孩童死亡。我總是得擔心自己的好心建議成了毒藥，而非解方。

「但她現在病得太重，什麼也不想吃。妳真的沒有藥給她吃嗎？」她母親神情悲傷又說了一次。

「食物是唯一的解藥。」我再次重申，再次因馬利人搞不清食物與健康之間的基本關係而備感挫折。現代美國社會健康和食物意識高漲，每天都會被什麼該吃、什麼不該吃的訊息

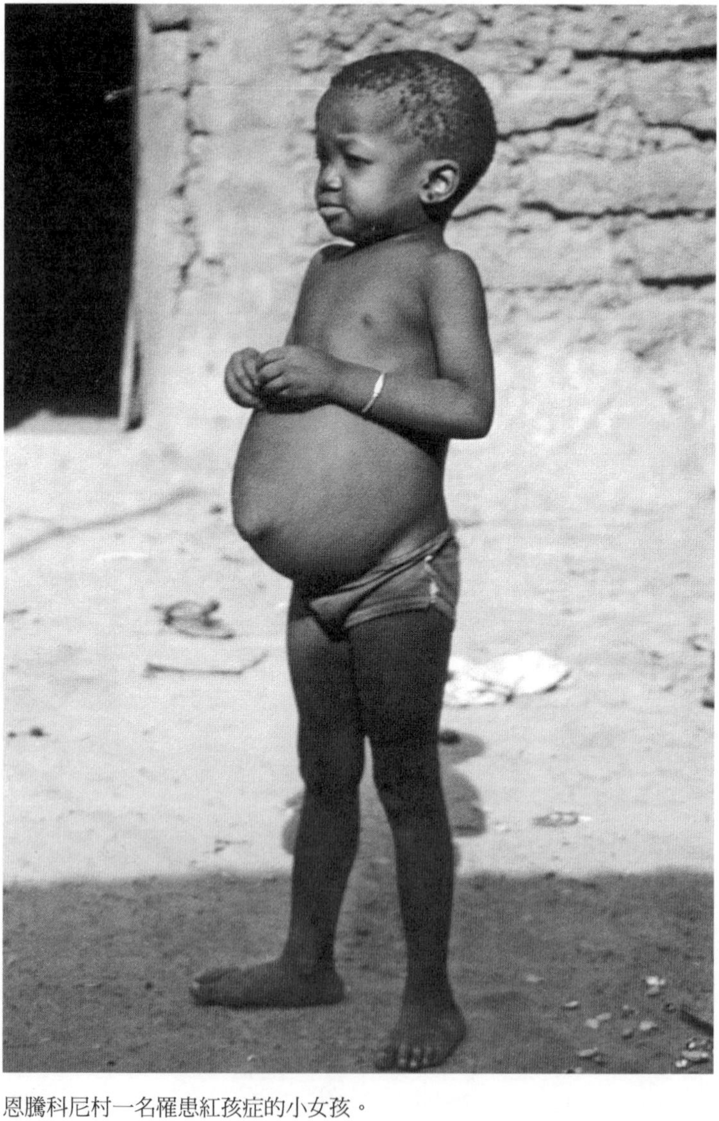

恩騰科尼村一名罹患紅孩症的小女孩。

轟炸，實在很難想像世界上還有許多人根本沒聽過現代營養學與醫學的兩大信條：「人如其食」和「細菌會致病」。

其實，美國人不久以前也不曉得這兩個基本原理。這點從西部拓荒者的日記和書信裡就能看得明白。這個女人為何要相信我說的，她女兒只需要吃東西？難道她女兒不是生病嗎？而生病不是就得吃藥嗎？我是美國人，手提包裡當然有神奇藥丸可以給她，只是我肯不肯而已。

那天晚上，我們去了梅瑞迪拉村，在另一位組長家的合院裡吃飯過夜。晚餐是一鍋多汁的燉豆子，加上洋蔥番茄醬調味，飯後還有甜甜的米布丁。飽餐後，我坐在院子裡讚嘆天上的繁星。我們離電燈好幾公里，銀河看上去就像夜空裡一條寬寬的緞帶。天上星星太多，少了城市燈火遮掩，反而很難認出平常不難分辨的星座。我心情輕鬆，回想著自己的所見所聞，傾聽非洲大陸夜晚的心跳。附近田地蛙鳴不斷，我聽見遠方有人打鼓，還有和鼓聲蛙鳴很不搭調的聲音——組長家中的卡式錄放音機低低播著美國搖滾樂隊ZZ Top的歌、穆薩的收音機清楚報著英國國家廣播公司的夜間新聞，以及電視機小聲傳來的馬利國歌。電視機？沒錯，一群村民正聚集在村中央的村長家，用汽車電池看電視。茅草圓頂上高高立著一根銀天線，接收來自巴馬科的電視訊號。「我可以住在這裡，沒問題。」我隨口說道。「我猜這表示我們可以帶米蘭達一起來，測量這裡所有人囉？」希瑟問道。「應該是這樣沒錯。」

隔天早上，我們跟法拉耶和組長們商量好，之後會來這裡停留一週進行密集測量，也定好哪一天會到哪個村子，方便事前通知村民，讓他們知道我們會做什麼。同時還討論了誰能幫忙處理出生證明，以及要是跟玉米收成或乳木果油製作撞期時該怎麼辦。

我們搭上車子，沿著車轍路顛顛簸簸出了多貢，我探出車窗回頭對法拉耶喊道：「我們會回來的！」說完便轉頭迎向微風。我耳中聽見低低的呢喃，環顧鄉間，忽然明白自己聽見的是人類學的眾前輩、我想像中的前人智者與心靈導師的聲音。他們的靈魂在村外的小米田徘徊，拂過非洲小屋，將米糠和棉絮吹上雲霄，有如一座座高塔，我彷彿伸手就能摸到他們。伊凡-普理查的靈魂正乘風翱翔。

7

兒童、蛇與死亡
Children, Snakes, and Death

人的生命其實更常受機運左右，受自然與超自然的力量擺布，而非規規矩矩，由人類自己掌控……這使得人類既無特權享有最終的主宰權與責任，也不用肩負此等重擔，因而得以免罪。

美國人類學者，艾美莉・A・歐爾森

「他們已經替我們做好飯菜，我們必須停下來用餐。」拜卡利解釋道。

「不行，我們已經遲了三個小時，沒時間了。區長和組長都在多貢等我們，天色很快就要黑了，沒辦法訓練了。」我反駁道。

「我不吃飯沒辦法工作。」拜卡利哀怨道。

「真可憐。」我氣沖沖說：「你今天早上出門時就應該想到的。」

我們的第二趟多貢行始於一場車禍。拜卡利為了趕時間，向我證明他有「責任感」，結果撞到了別人的車，害我們花了九萬中非法郎，除了支付兩輛車的修理費，還賄賂警察壓下案件不要呈報。車禍讓我們耽擱了幾小時，快傍晚了才到多貢。

我們原本預計在貝勒坎吃飯，然後再去多貢。拜卡利和我為了要不要吃這頓「午餐」大吵一架。他堅持要吃，但我同樣毫不退讓，堅持直接去多貢，儘量挽回一點訓練時間，因為組長早就等著我們去給他們上課了。後來我們各退一步，到貝勒坎拿了食物才走。但我們到了多貢之後，我故意不跟拜卡利一起用餐，給他難堪。

雖然吵了架，而且遲到了，但訓練課進行得很順利。結束之後，大夥兒又擠上卡車朝托洛克洛村出發，那裡是AMIPJ人體測量調查最北邊、最偏遠的一個村莊。到了村子，我們簡單吃了米飯配花生醬。我很慶幸自己在多貢沒吃東西，因為我對當地傳統食物的好胃口再次為我換來了友誼。托洛克洛是我們調查的第一個村子，走對第一步很重要。連米蘭達都覺得飯很好吃。這裡的米短而圓，是西非的馴化種，學名為 *Oryza glaberrima*，當地人稱之為**本土米**（*riz locale*，法文）。西非許多地區已經改種另一種稻米，*Oryza sativa*，也就是東南亞的水稻。

托洛克洛非常小，村民只有八十人左右。我們當晚開了第一次「鄰里會議」，了解村裡的嬰兒哺育習慣與健康問題。一盞煤油燈孤零零照亮幾張輪廓分明的黝黑臉龐，個個好奇地聽著穆薩翻譯我解釋測量身體數值的目的。

那一晚我們睡在傳統的小泥屋裡，低矮的天花板爬滿蜘蛛網，玉米梗、小米梗、葫蘆瓢和避邪物吊在屋椽上。拜卡利給了我們泡棉睡墊，還給我們被單抵擋蚊子。除此之外，我們還點了兩盤中國蚊香。這種綠色的東西燒得很慢，能連續數小時釋放有毒的煙，瀰漫整個小房間，趕走蚊子。那刺鼻的臭味和蚊香尖端黯淡的紅光莫名地令人心安。

隔天早上，我們有條不紊地測量了村子裡幾乎所有的人，每一家都從最年長的男性「家長」量起，家裡其他人的出生證明通常在他手上。我們量了他的身高體重、臂圍和頭圍，檢查他有幾顆牙齒（我想知道智齒萌出的狀況），接著測量他的大老婆，然後是她的子女，從最年長的量到最年幼的。再來是二老婆（如果有的話）和二老婆的孩子，同樣由長至幼。就這樣一直往下量，直到量完他所有妻子與小孩，接著再量他的大弟、弟媳與姪子姪女，依此類推。

這裡大多數男人只有一、兩名妻子。伊斯蘭教明令最多能娶四個老婆，但必須公平善待每位妻子，而大多數男人只負擔得起一到兩名妻子的聘禮及生活所需，更別說妻子們往往成為閨密，會聯手對付對她們其中一人不好的丈夫。就算妻子們不是閨密，也會有別的難題，丈夫必須處理妻子的爭執，同樣不足稱羨。

「天哪。」希瑟驚呼道：「這女人有十二個孩子！她怎麼會這麼想不開？」

「欸，希瑟，」我責備道，「別忘了在馬利孩子愈多，家裡人過得愈好。」

「欸，對喔，我都忘了披薩的比喻了。」希瑟說道。她指的是課堂上舉的例子。「這家的披薩是特大號，有義大利臘腸、蘑菇和雙層乳酪！」

希瑟講的是我常在課堂上提到的類比，用來幫助學生理解人口與資源的關係。假設只有你身上有錢，而且只夠買一個小披薩，但你朋友很多，那每個人只能分得一小片，朋友愈多分到的愈小。但要是你的每個朋友都貢獻一點錢，就能買大一點的披薩，尤其當有些朋友給的金額超過披薩的價錢更是如此。朋友愈多，錢愈多，披薩就愈大。許多鄉間自給農業社會就是這樣運作的。

大多數馬利婦女都會有六到八個孩子，有些甚至還多生了六到八個，但因為生病或營養不良而夭折，最後活下來的只有一半。西方人常有一個誤解，認為馬利之類的第三世界國家之所以貧窮和營養不良，主要是因為人口過剩。他們覺得只要透過節育限制人口成長，就能減輕貧窮與營養不良的問題。但這個想法建立在西方經濟體制的兩大假設之上，只可惜這兩個假設都不適用於非洲鄉下大部分地方。

首先，財富在西方通常是向下傳給後代，家長種樹，兒女乘涼。成年男性（如今也有愈來愈多的成年女性）掙錢養家，供應兒女至少到他們十八、九歲，甚至往往會到更大的年紀。小孩愈多，家裡的收入就愈緊。我們可以再用披薩的比喻，你只買得起小披薩，家庭成員愈多，披薩就必須切得愈小片，因此合理的結論就是孩子愈少，每個孩子能分到的披薩愈大。

但西非就如同許多第三世界國家，財富是向上走的。成人和孩童都要掙錢養家，幼童小小年紀（通常三、四歲）就成為淨收入生產者。鄉下的孩童會在田裡幫忙或牧養家畜，都市的小孩則是在街上叫賣小東西、幫人跑腿、替鐵匠拉風箱，或照顧幼兒讓母親有辦法做掙錢的活。因此小孩愈多，工作的人就愈多，家裡收入也會增加。更多小孩代表買得起更大的披薩，人人都比在小孩不多的家庭分到的更大片。尤其是鄉下的自給農業經濟，小孩愈多，能耕種的田就愈大，種出更多食物給大家吃。

其次，西方習慣從擁有物質來衡量成功與地位，如房子、車子、船和音響等等。就像某張保險桿貼紙上寫的：「誰死前擁有最多，誰就是贏家。」

但在馬利，男人的成功與地位來自擁有多少孩子。膝下空虛的男人會被同情或唾棄，多子多妻的男人則是權大勢大，因為他掌控了許多人的生活與忠誠。一個家庭興旺的男人或許住在泥磚屋裡，但他有許許多多子孫尊敬他、為他幹活、照顧他的老年人生。

婦人們推推擠擠排成一列，懷裡抱著孩子，嬰兒則用花色揹布綁在背上。村民們約半數穿著傳統服裝，女人是圍裹裙，男人則是鬆垮的短褲，都是拿當地種的棉花用織帶機織成米白布料做的。其餘的人雜七雜八穿著西方人不要的衣服，不是大了就是小了好幾號，T恤上印著的不是美國某某大學、麥可·傑克森和溫蒂漢堡，就是大聯盟費城人隊或修車店的圖案。小孩穿著短褲、裙子，或根本是光溜溜地跑來跑去，嬉笑大叫。我只要抬頭一看，他們就躲到哥哥姊姊背後。

我最喜歡量嬰兒，將他們扭動個不停的結實身軀塞進吊帶裡，掛在秤上。幼兒由於只吃母乳，通常長得又肥又健康又快樂，還沒有被營養不良或疾病纏擾。母乳提供了所有他們需要的養分與熱量，以及確保免疫功能發揮作用的活細胞。此外，他們年紀太小，還不會在泥土地上爬來爬去。每一個寶寶都充滿希望與潛能。

許多美國人認為人工配方食品(配方奶粉)的營養效果和母乳一樣好，甚至更豐富，其實不然。母乳的成分是幾百萬年演化的結果，以完美比例提供了嬰兒發育，尤其是嬰兒頭幾年的腦部快速成長所需的所有養分。母乳內的蛋白質、糖分和脂肪酸，是牛奶、大豆或其他基質模仿不來的。此外，母乳內含的活細胞能提供嬰兒免疫力，抵擋多種細菌與病毒感染，這一點配方奶粉也望塵莫及。更別提哺育過程(一邊是親自哺乳，一邊是讓寶寶咬奶瓶)對母親、對嬰兒都是完全不同的感受。演化讓人類嬰兒期待自己生下來頭幾年都吃母奶。

二十世紀美國和幾個西方國家做了一場龐大的文化實驗，包括(用奶瓶上堅硬冰冷的塑膠奶嘴)餵食嬰兒人工配方、用堅硬的塑膠推車帶著嬰兒四處走，還有夜裡讓寶寶自己睡。少數有幸親自哺乳的母親通常六個月就會斷奶，頂多一年。不喝母乳對嬰兒營養與健康所帶來的風險明明眾所皆知，許多醫師卻照樣鼓吹配方奶粉，彷彿配方奶粉跟母乳一樣好，而美國婦女在公眾場合哺乳或給兩、三歲的孩子餵奶，依舊受到歧視。即使到了一九九三年，美

托洛克洛村測量完畢後拍的合照。

國仍然只有一個州（佛羅里達）立法保障母親有權在公共場所替嬰兒餵奶，不會因妨害風化而被逮捕。

同樣地，人類學家詹姆士．麥基納等人的研究，也讓人們開始了解獨自入睡對嬰兒健康造成的危害。麥基納對母嬰同睡與不同睡的研究顯示，同睡的母嬰其睡眠週期會同步，腦波模式也會類似。嬰兒醒來，母親也會醒來；嬰兒出現睡眠呼吸暫停，母親也會醒來，嬰兒又會開始呼吸。和母親同睡的嬰兒深眠時間會少許多。麥基納的研究還顯示獨睡與嬰兒猝死症有關，但獨睡的長期影響尚屬未知。

除了長期吃母奶，演化也讓人類嬰兒會期待睡在同類身旁，首先是母親，因為要吃奶，之後是兄弟姊妹和其他親人。讓嬰兒在房間一個人睡，期待他很小就能睡過夜，是美國和部分西方國家近幾年才開始的另一場文化實驗，結果還不清楚，不過我扯遠了。

在美國，嬰兒通常聞起來很香、很乾淨，飄著嬌生嬰兒洗髮精、乳液和嬰兒油的味道。馬利的嬰兒幾乎都飄著柴煙味，夾雜幾分汗臭、尿臊、牛奶酸臭、香料及焚香味。雖然也可以說是習慣成自然，但我喜歡這裡嬰兒的氣味，彷彿他們才是活在真實的世界。他們通常全身赤裸，只有腰和脖子會繫上護身符驅趕惡靈，尤其是「鳥怪」，它會給幼兒帶來瘧疾之類的疾病。傳統的護身符包含寶螺殼、草藥、魔石或其他充滿法力可以保護嬰兒的東西，比較現代的護身符則可能包著一張寫有《古蘭經》經文的紙。馬利的嬰兒還會戴珠寶，女孩戴耳環，細緻的珠鍊手環、珠鍊腳環和雕花鐵手環則是男女孩都戴。

姓名、出生證明、體重、身高、臂圍、頭圍、牙齒數。「別動……雙腳併攏……身體站直……眼睛看那裡……伸左臂。」測量很無聊，只有量小孩比較有趣。許多小孩從來沒見過土巴布，往往會怕得尖叫，不然就是滿臉困惑。馬諾布古的小孩常覺得我會替他們打預防針，而他們的母親也順水推舟，拿我嚇唬他們。「你要是不聽話，我就叫那個土巴布來給你打針！」托洛克洛離婦幼健康中心很遠，連鄉村衛生方案都不會執行到這裡，小孩根本不曉得什麼是打針，但還是很害怕。面對小小孩，我會不斷用班巴拉語哄他們：「這不會痛，只要站好別動，眼睛看那裡，不會痛的，沒事。」這些小孩沒見過白人，並不覺得我會說班巴拉語很詭異——所有人不是都講這個語言嗎？

不過，一場差點發生的災難為那天蒙上了幾絲陰影。我正在測量一名年輕婦人，忽然聽見米蘭達哭著大喊：「媽咪！媽咪！救命！」我立刻將量尺扔給穆薩，朝聲音的來向奔去。我彎過轉角，看見她一臉驚惶朝我跑來，一名馬利老翁緊追在後，手裡惡狠狠揮著樹枝，用班巴拉語高聲咆哮。我將米蘭達摟進懷裡，站穩腳跟說：「阿巴拉，阿巴拉（*A bla. A bla*，別碰她，別碰她）。」這時穆薩正好趕到，便要老翁解釋到底怎麼回事。

聽起來是米蘭達看我們測量覺得膩了，自己四處亂跑，先去看了外表有如可愛玩偶的侏儒山羊，後來又看見幾隻雞在一座沒人的合院裡啄東西吃，心想追趕牠們一定很好玩，於是就真的把那幾隻家禽弄得雞飛狗跳，拍著翅膀咯咯尖叫四處竄逃。正當她玩得起勁，那名老翁從小屋裡出來，看見眼前一團混亂，絲毫不覺得米蘭達追趕他的雞很好玩，開始厲聲斥責她，問她在做什麼。米蘭達嚇壞了，跟不上老翁機關槍似的班巴拉語，也不曉得如何解釋自己是誰。看他拿起樹枝，米蘭達很想逃跑，卻驚慌不已，因為不知道該往哪裡逃。最後儘管沒受傷，米蘭達卻已經歇斯底里，而老翁則是怒氣沖沖。

穆薩不知使出了什麼神奇妙招，加上我說願意賠償雞隻的傷害，老翁終於平靜下來，同時婉拒了我的提議。我安撫米蘭達，跟她解釋我們差點就惹出天大的外交危機。「我不曉得不能追雞。」她一邊哽咽一邊說道。「我知道，我知道，但他們也無法理解小孩怎麼會不曉得不能這樣做。接下來別再亂跑了，待在我身邊，知道嗎？」「知道，媽咪。」她口齒不清地說：「我答應以後再也不追雞了。」

我們一直工作到中午才休息用餐。昨晚村民送了我們一頭山羊當禮物。我知道他們想把羊宰來吃，便求他們手下留情。我在馬利北部造訪每個村莊，都會收到數不完的雞、山羊和綿羊，害我常打趣說：「我們要是繼續在這裡做營養教育，鄉下的小型家畜遲早會被我們搜刮一空，讓這裡的人統統餓死！」

我們坐在村長合院裡的矮木凳上圍成一圈，有我、米蘭達、希瑟、穆薩、拜卡利、馬坎和組長艾比，一起分享兩大盆用當地的米煮成的白飯。村民好心替我們準備完餐點就走開了，讓我們可以休息吃飯，不受打擾。艾比充當招待，她打開小碗的花生醬，均勻淋在飯上。所有人輪流用一碗水洗手，我提醒米蘭達和希瑟要用右手吃飯，而我則是坐在自己的左手上免得忘記。所有人都狼吞虎嚥，很享受這簡單美味的一餐，直到馬坎伸手從身後端出另一個碗，準備將碗裡的東西倒在飯上。我立刻猛力伸出雙手，掌心朝下遮住白飯，朝他大喊：「不要，別倒進去！」那碗裡裝滿了燉羊肉，是那隻可憐的山羊。

「妳是怎麼了？」馬坎說。

「求求你，別把裡頭的東西倒到我們這邊的飯上。」我哀求道：「我沒辦法面對那些模糊難辨的『山羊屍塊』。」我說。

「但他們是特地為妳宰了牠的耶。」馬坎說：「妳不吃的話，他們會生氣的。」

「欸，你要吃就吃，」我說，「但請不要淋到我這邊來，壞了這麼美味的飯和醬。我牙齒不好。」我很弱地補了一句。我常常用牙齒不好當藉口，避開那些我看不出是什麼東西或咬不動的食物。這個理由馬利人都能理解，而且感同身受。

「好吧，隨妳。」馬坎說：「但妳錯過最美味的食物了。」

於是，在座的馬利男人和艾比開始大啖難嚼的山羊肉，不時遞給我一片鮮嫩多汁的羊肝或腎臟。「拜託，我不要。」我說。午餐後，所有人小盹片刻，恢復精神。我夢見了烤肋排和沙拉吧。

那天下午，我們繼續測量托洛克洛村民，沒想到看到一個小女孩跟馬諾布古的某個女孩像得驚人。我一時還以為自己看到了卡芙恩，不禁搖頭道：「不會是卡芙恩吧？」「卡芙恩？不對，她叫艾米娜妲。」希瑟看著出生證明說，接著抬頭看了女孩一眼。「妳說得對，」她也同意我說的，「她果然很像馬諾布古的卡芙恩。可能是因為她的眼睛，還是臉型？」

我頭一回到馬諾布古做研究，其中一名受測對象是一個叫卡芙恩的女孩。她和達烏軏一樣非常營養不良，雙胞胎哥哥一出生就死了，而她則是長得又小又病。她母親很老了，至少已經被生活的重擔給壓垮，頭髮灰白，臉上爬滿皺紋。卡芙恩到一歲還無法自己把頭抬起來，也不曾出聲或回應別人和她的互動。她腦袋顯得太大，因為身體趕不上頭的發育，雙臂雙腿都像雞腳，只有皮包骨。

我一九八九年回馬利，沒想到卡芙恩還活著，雖然狀況不是太好，她的身材比同齡的孩子小，而且外表很滑稽。在美國，專家稱呼這些莫名原因發育遲緩的孩子為ＦＬＫ，意思是**長相滑稽的小孩**（funny-looking kid）。這樣稱呼沒有惡意，只是表示這些孩子模樣不大對，臉有點歪，可能是基因異常的結果。卡芙恩顯然是ＦＬＫ。她額頭很凸，學術上稱之為「前額突出」，兩眼感覺分得太開，鼻樑凹陷，暴牙明顯，頭腦也不大靈光。她八歲時被母親送去上學，但始終跟不上進度，只好每天在合院裡陪著母親，跟進跟出。

托洛克洛的這個女孩同樣前額突出，兩眼過開，鼻樑凹陷和暴牙，對我們在做什麼也不是普通的反應遲鈍。我轉頭看她母親，開始婉轉打探情況。原來這女孩跟卡芙恩一樣，嬰兒時期嚴重營養不良——她母親的用詞是塞瑞（*sere*）——但僥倖活了下來。女孩和卡芙恩一樣，頭腦也不大靈光。我們後來又見到幾個這種「怪模怪樣」的孩子，全都是嚴重營養不良後的倖存者，也都留下了生理和心理的後遺症。

最後一位村民測量完後，全村表演了一小段打鼓作為回報，接著便帶我們去見村裡最老的耆宿。這對老夫妻因為年紀太大、眼盲又有關節炎，只能待在小屋裡。年輕村民每天都會送餐來，跟他們報告村裡發生的大小事。由於兩人年事甚高，村民對他們敬重到了極點。我心想該送什麼才恰當，最後決定給他們從巴馬科帶來的鳳梨。我將鳳梨遞給那老太太，接著便離開托洛克洛前往附近的梅瑞迪拉村了。

晚餐之前，我得到了頂級招待——熱水澡。一名女孩給了我兩桶水，一冷一熱，熱的剛從火上拿來，還冒著熱氣。她將兩桶水拿進茅坑，而我為了沖澡，只能蹲低身子躲在低矮的圍牆後面，先用葫蘆瓢舀冷水把身體弄濕，然後抹肥皂，再用熱水把身體沖乾淨。我用水非常省，竟然連頭髮也洗了。我得一直提醒自己別站起來，免得身體被聚集在合院牆外的好奇圍觀者看見。最後我將剩下的水倒在一個桶子裡，倒在我頭髮和身體上。水在我腳邊轉了幾圈，隨即從牆底一個小洞流了出去。洞口附近的草長得又密又綠。

啊，在又熱又多沙的地方辛苦工作一整天，能把身體洗乾淨真是棒極了！想到接下來可以好好吃一頓，筆記本裡寫滿資料，我很開心測量第一天進展如此順利；儘管有米蘭達追雞驚魂記。人生真美好。

晚餐後，村民們開始出現在鄰里會議上。起初是一個一個來，接著是三三兩兩，最後是一大家族一大家族，老人、青少年和帶著小孩的婦人，幾乎全村都到齊了。村長過來跟我打招呼，並再次道謝，接著會議就開始了。我先從村裡的健康問題問起，包括紅孩症，結果發現村裡有兩個孩子有符努巴那，而且都是村長的兒子。我接著問哺乳和斷奶的事、幼兒開始吃固體食物的時間，以及小孩通常吃些什麼。誰決定小孩應該吃多少？小孩不肯吃東西，你們會怎麼做？你們這裡有小孩有法沙（*fasa*）或塞瑞（這裡對西方人稱之為營養不良症狀的稱呼）嗎？許多村民都參與了討論，贊同或反駁其他人的意見，提出自己的看法和例子。村長尤其健談。

「還有些小孩就是長不大。」他發表意見。

「什麼意思？」我搖頭問道，聽不懂他的意思。

「那些小孩永遠不長大。他們不會伸手去拿東西，不會坐起來或走路，也不會說話。有

托洛克洛村一名長得像「卡芙恩」的小女孩。注意她母親的甲狀腺腫。

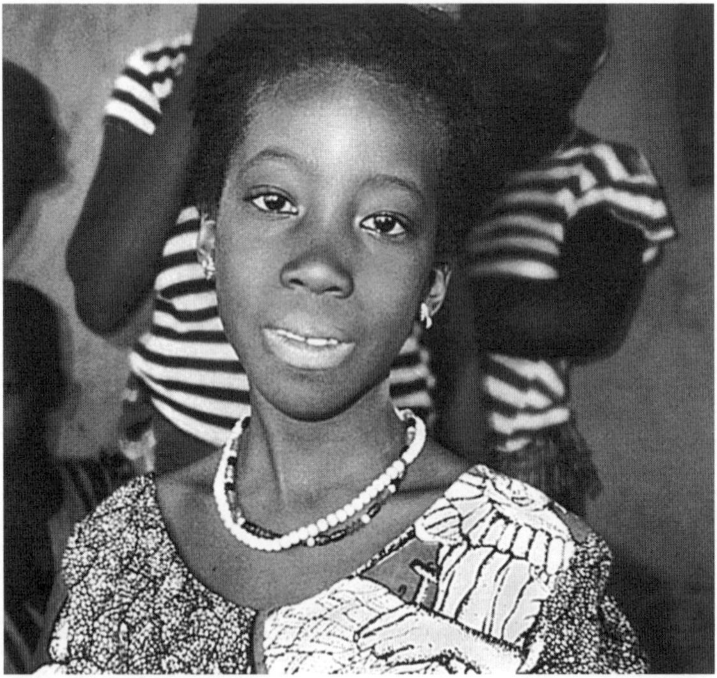

法馬布古村一名長得像「卡芙恩」的少女。

些小孩起初會，後來又不會了。就算不停禱告和盼望，找藥給他們吃，還是沒有用。」

「那些小孩後來呢？」我屏住呼吸小心翼翼地問。

「呃，要是他們一、兩年後沒有好轉，你就知道他們是惡靈，只好放棄了。」

「你說『放棄』是什麼意思？」

「欸，就是帶他們到樹叢裡去，把他們留在那裡。」

「那他們會怎麼樣？」

「他們就會變成蛇爬走了。」

這話凝結在空氣中，我心臟幾乎停了。「他們就會變成蛇？」我重複道，試著不讓自己的語氣顯得興奮急切，同時要他們說得更清楚一些。這對我來說是天大的發現。我在心裡對自己說：「太好了，太好了。冷靜一點，千萬要弄清楚這是什麼意思。」

「對呀，你隔天去看，他們就不在那裡了。然後你就會知道他們其實不是小孩，是惡靈。以後你看到蛇，就會想牠之前會不會是你的孩子。」

「村裡現在有這樣的小孩嗎？」我問道，想親眼瞧瞧這些小孩是不是只是嚴重營養不良或有某些可以辨識的症狀，解釋他們為何「就是長不大」。

「沒有。」一位村民說：「我們已經好幾年沒有這樣的小孩了。所有懷孕的女人夜裡走路都很小心。」

「啊？」我脫口而出。

「惡靈就是這樣奪走小孩的。」村長解釋道：「懷孕時必須很小心，不能晚上一個人走，因為惡靈會出來抓人。萬一被祂逮到，嬰兒可能會死掉或長成畸形，或起先看上去還好，後來就長不大了。天黑以後最好連茅坑都不要去。」

「哦，我了解了。」我說，但我其實不是真的能理解。怎麼可能會有人理解放棄嚴重「發育遲緩」的孩子，放棄自己的心肝骨肉，任其自生自滅是什麼感受？不是親身經歷的人怎麼可能理解失去孩子的悲痛？我呆坐良久，一邊思忖馬利鄉下的父母面對兒女殘疾有什麼選擇，卻又歡喜自己能蒐集到如此「奇風異俗」的民族誌資料。

這一幕將我忽然拉回另一個場景與時空——一九八二年春天，我朋友艾米的合院，我強烈感受到身為人類與身為人類學者的衝突，一邊是切身參與朋友的生活，一邊是客觀觀察並記錄報導人的一舉一動。

我最早留意到艾米，是看到她在馬諾布古的市場上賣薯條。當時她年方十六，長得花容月貌，先生是一位有錢的馬利男子，住在巴黎，但留她和他們的幼子在馬諾布古與岳父母同住。我和艾米很快成了朋友，每回造訪她家的合院都充滿笑聲與歡樂，只有一事例外，就是她兩歲的弟弟亞庫巴很怕我，一見到我就會嚇得尖叫躲到母親裙子後面。

亞庫巴現在已經不在了。那年春天，馬諾布古麻疹大流行，奪走了他的性命。我去艾米家致哀，男人們聚在院子裡參加伊斯蘭喪禮，示意我到屋內和婦人們一起。我走進房間，坐在牆邊她們替我安排好的位子，聽見其他婦人輕聲啜泣，看見她們在陰暗的屋裡身影模糊。和這些女性親友坐在屋裡，我強烈明白感覺到自己的內心感受與職業好奇心的糾結。

對於一個如此年幼的孩子死於明明可以避免的麻疹，我真心感到難過，何況亞庫巴不是一般的孩子，是我好友的弟弟，也是我們許多歡笑喜悅的泉源。但另一方面，我又明顯為了自己能親身參與班巴拉人的伊斯蘭喪禮而感到一股「民族誌學者的激動」。只要一能忍住我為亞庫巴和他母親流下的同情與哀悼之淚，我就忙著記下我所能記住的所有喪禮細節，因為在這種場合掏出筆記本振筆疾書簡直卑劣。

我那時太用力記下一切，直到十多年後的今天，只要閉上眼睛，依然能重回那個房間，看見亞庫巴的母親垮著肩膀頹然坐在我對面，淚水默默滑落臉頰滴在伸直的腿上，在泥土地面留下清楚的痕跡。父母親不能為死去的孩子公然哭泣，我記得自己在心裡這樣回想，叫出我的民族誌學者的智慧詮釋眼前的景象。我依然記得小碗裡焚香粉的味道，每個人用手指沾一點然後遞給身旁的人，依然能聽見院子裡男人們的禱告。

我一生中記得如此清晰的場景寥寥無幾，只有我兩個孩子的出生、醫師告訴我們彼得罹患唐氏症的瞬間，還有我在南密西西比大學視聽室裡聽到收音機廣播挑戰者號太空梭爆炸的消息。

在亞庫巴的喪禮上，我感覺自己以好友的同情關心做掩護，實則有的那份對喪禮的人類學興致並不恰當。我好想知道屋外在做什麼，但很清楚自己不該起身離開。假設我是以「人類學者」的身分參加喪禮，外面那群男人或許會讓我加入，但我是以死者母親與姊姊的朋友的身分來的。我內心交戰不已，一方面對自己的職業好奇心感到愧疚，遺憾自己對研究對象用情太深，以致真心對男童的死感到難過，一方面又厭惡自己想徹底保持抽離與「客觀」，對死去的男童無動於衷。這樣不成，我在心裡責備自己，是要當人類學者或朋友，你只能選邊站。參與觀察在課堂上聽起來輕鬆簡單，只要一邊參與一邊觀察就好。若你研究的是音樂或鐵器製作當然可以，甚至政治也沒問題，但在朋友的喪禮上要怎麼參與觀察？

現在又是同樣的情況。我一邊聽著家有殘疾兒女的馬利父母公然承認自己無能為力，一邊又在心底掙扎，既想探究這個有趣的發展（畢竟「小孩變成蛇」可不是天天都有的事！），又不想無視這些缺乏資源與幫助的父母的悲傷與難過。長遠看來，放棄這些孩子而將他們交給惡靈，相信他們會變成蛇，其實是有它自身一套道理的。我甚至想，搞不好他們說的都是真的。對此，我不再充滿疑問。

我朋友艾米和她兒子狄吉布里。她弟弟亞庫巴死於1982年麻疹大流行，我參加了他的喪禮。

村民三三兩兩離開，走進夜色之中，手裡的煤油燈有如螢火蟲跳動閃爍。所有人都停下來跟我握手，摸摸自己心口，祝我平安。最後一名村民離開之後，我默默坐在原地，在滿天繁星下思索著兒童、蛇與死亡。

8

口臭、壞疽與天使

Bad Breath, Gangrene, and God's Angels

自由不止一種，一是去做什麼的自由，一是免於什麼的自由。無政府狀態有的是去做什麼的自由，而現在你有的是免於什麼的自由。千萬別小看了。

瑪格麗特・愛特伍

我站在門口喘息，雙手扶著門框撐住自己。我大口呼吸清新沁涼的空氣，目光定在遠方的山巒，努力鎮定心情。地平線上密布的烏雲朝校舍急急飄來，有如黝黑的棉花滾落山坡，又如經常像毯子般蓋住舊金山灣周邊山巒的濃霧。雷聲隆隆，空氣中瀰漫著臭氧的味道。大雨啪噠打在鐵皮屋頂上，淹沒所有思緒，房舍四周雨水成河，強風掃過樹林，將雨吹到我臉上。我轉身回到屋內，返回擾攘之中。

這天早上開始得頗為愉快，村民在村子中央的大芒果樹下耐心等候測量，但逼近的暴風雨很快表明了我們必須移駕室內。村裡只有一個地方能容納這麼多人，就是村子邊上的單房校舍。大人們在這裡學習讀寫剛有字母的班巴拉文，至於給孩子的普通教育，那依然還是天方夜譚。

一進校舍，事情就亂了套。室內比室外熱上十度，嘈雜十倍，而且暗得跟烏雲一樣，只能從開著的門和兩扇小窗透進些許微光。全村的人擠在幾排長椅上，剩下的人貼著牆壁站成三排。嬰兒們嚎啕大哭，逼得婦人們只好將他們從背後拉到前面餵奶。小孩們嘰嘰喳喳，大人們則是趁機和朋友鄰居閒話家常，感覺就像一場盛大的派對，所有人一天不用到田裡幹活，而且還降下清爽的大雨。眾聲喧譁當中，我必須用吼的才能把數據報給希瑟聽見。

校舍裡簡直臭不可聞，幾百個沒有洗澡的汗臭身軀，混雜著永遠揮之不去的柴煙、香菸與香料味，而且暗得我必須用手電筒照進村民的嘴巴，幾乎和他們臉貼著臉，才能數出他們有幾顆牙。靠得這麼近自然讓人很不自在。村民們尷尬笑著張嘴給我看，那一口爛牙發出的臭氣薰天，害我不得不一直衝到門口鎮定自己，呼吸新鮮空氣，才沒有吐出來。早上才過一半，我又被口臭嗆了一次，轉頭一臉厭惡對希瑟說：「我受夠了。我再也不想檢查大人的智齒了。」

我之所以對智齒感興趣，是希望證明馬利成年人的臉和下顎夠大，可以讓第三大臼齒輕鬆長出。而這樣做其實另有目的，就是我認為學界對人類演化的觀點有所偏頗，將當代歐洲人的小臉視為「現代人類」的標準長相。一旦所有現代人類都被測量，尤其是西非人大而突出的下半臉和長全的智齒有數據佐證之後，關於化石紀錄的詮釋及「小臉」「現代人類」最早出現日期的爭論就可休矣。

根據我在馬諾布古的調查，這裡的都市成年人幾乎都有一嘴健康的好牙，四顆智齒不但長好長齊，而且咬合完美。馬利少有白糖，加上許多地方都有使用刷牙棒，使得蛀牙的人屈指可數。每天早上，你都能見到成年人嘴裡叼著刷牙棒走來走去。這種「刷牙棒」只用某些樹木的細枝做成，一端樹皮咬破，用來刷牙潔牙。化學分析顯示，這些細枝含有抗菌與防蛀成分。

然而，這類傳統潔牙智慧顯然沒有傳到梅瑞迪拉，我發現眼前全是嚴重得難以置信的牙齒磨損、蛀牙、齒根裸露與牙齦膿腫。這些牙齒毛病我都熟，因為我在研究史前美國原住民骨骼時就見過了，但從來沒有認真想過出現在活人嘴裡會是什麼模樣，也沒想過有著這些牙齒毛病的人要如何生活。現在我終於親眼見識到了，看上去一點也不美觀，也不好聞。「難怪這裡不流行接吻。」我苦中作樂地開起玩笑。「從現在開始，我只看小孩的牙齒。下一位！」

一名穿著脫線 Levis 牛仔褲的中年男人將一名哭著的小男孩推到我面前。我跪下來鼓勵他站到體重計上，發現他一條腿上纏著骯髒的繃帶。男孩抽抽噎噎，遲疑片刻才抬起一隻腳站了上去。「這小孩多大？」我問希瑟，她看了看出生證明說：「四歲。」這時男孩哭聲大了起來。

「他腿怎麼了？」我問男孩的父親。

「他因為單車出事受傷了。」他說。

我朝希瑟翻了翻白眼說：「讓我猜猜。他一定是沒穿長褲和鞋子坐在後擋板上，結果腿被絞進輪輻裡了。」穆薩將這句悄悄話譯成班巴拉語，男孩的父親點頭同意，顯然事情經過就是如此。

這類車禍經常發生，往往讓孩童的腿和腳嚴重受傷。鄉下的小孩很少穿衣服或鞋子，甚至完全赤裸。他們常坐在父親或哥哥騎的搖搖晃晃的單車後面，只要一不留意，腳或腿就會被卡到。單車的輪輻有時會讓小孩的兩腿非常悽慘。

男孩父親將他抱到我們用作書桌的桌上，溫柔解開骯髒的布條。最後幾層已經黏在一起，必須用扯的才能去掉，露出傷口。我只看了一眼就不得不撇開頭去，心裡既驚嚇又難過，感覺房間突然變熱，空氣無比凝重。

傷口很大，流著膿，包括整個腳踝和部分腳掌，深可見骨。整條小腿和腳掌都發著惡臭，又腫又脹，顯然被壞疽給攻占了。

「車禍是多久前發生的？」我問男孩的父親。

「大概五天前。」他回答。

「你們怎麼治療他的傷口？」

「我們就只是用布條幫他包紮起來。」

「你們為什麼不帶他去看醫生？」

「我們以為傷口會自己好起來。」他說完轉頭求助似地望著男孩的母親。

「你們必須立刻帶他去西卡索看醫生。」我解釋道。

「但醫藥費我們負擔不起。」男孩的父親躊躇道。

「萬一發生不幸，你們才真的負擔不起。」我氣急喊道，接著轉頭對穆薩說：「他聽不懂我在說什麼。麻煩你跟他解釋，要是男孩不立刻去看醫生，絕對會死於壞疽。雖然有可能來不及了，但我想應該還有救，男孩也許只會犧牲一條腿。」穆薩驚訝得瞪大眼睛，連他也不曉得男孩的傷這麼嚴重。男孩的父親聽了穆薩翻譯之後，整張臉垮了下來。

那男人跑去拿他小心藏好的鈔票與銅板，我用抗菌藥膏替男孩處理傷口，再用乾淨的紗布包紮，接著給他一顆孩童吃的阿斯匹靈咀嚼錠，想說聊勝於無。我得做點真的有用的事。我一碰那孩子，他就往後縮，但已經不再哭泣了。最後那對父子總算離開梅瑞迪拉村去看醫生。男孩顫巍巍坐在父親匆匆向鄰居借來的疲憊驢子上，父親垂頭喪氣快步跟在一旁，催驢子再快一點。

中午回組長家的合院吃飯，讓我又多知道了一點馬利鄉下對嬰兒哺育的看法，只不過是從他們批評我餵女兒的方式得知的。這回一樣有雞登場，一隻捨身好讓我們大快朵頤的雞。我一邊吃著，一邊伸手到盤中央扒了一塊沒有骨頭的雞肉，想都沒想就放在米蘭達和鄰座共用的碗裡，要她把肉吃了。

「妳為什麼要給她雞肉？」拜卡利問道。

「我想確定她有吃夠。」我回答：「她早餐粥吃得很少，因為她不喜歡小米。」

「但她還只是個孩子，不需要吃那麼好。妳辛苦了一早上，她什麼事也沒幹。再說她如果想吃，自己會動手。」他反駁道。

「我是很辛苦，」我同意他說的，「但她還在發育，發育中的孩子需要的食物比大人多得多。要是我不叫她吃，她可能會等我們回到巴馬科才開始討吃的。」

拜卡利搖頭解釋：「在多貢，我們認為好東西給小孩吃是浪費。他們不懂得品嚐，也不會細細感受食物，而且沒有辛苦工作生產食物。等他們長大，有的是時間替自己生產好吃的東西。最好的食物應該給老人，因為他們離死不遠了。」

「呃，我讚賞你對老人的推崇與敬重，但就健康而論，你這樣做完全錯誤。小孩如果沒有小米或稻米吃，你要他們怎麼長大成為正常的成年人？」當然，許多孩子這樣吃還是不會長大，不是死於營養不良，就是被痲疹之類的疾病奪去了性命，而營養充足的小孩是不會被這些病擊垮的。研究發現，長期營養不良的孩童就算長大成人，長時間工作的能力還是會受損，工作時間比不上幼年沒有營養不良的成人。

關於孩童飲食，馬諾布古鎮民的主流看法是小孩想吃什麼、要吃多少和什麼時候吃是小孩自己的事，但大人通常有什麼都會給孩子吃什麼，包括肉類和醬裡的蔬菜。但在馬利南部鄉下，「好食物」是留給老人和成年人吃的，包括所有高蛋白質、高熱量食物，小孩幾乎完全只吃碳水化合物作為主食，淋上一點醬汁。我將自己的雞肉分給米蘭達，在他們眼中只覺得奇怪與不對勁，心想我竟然自己餓肚子，把好東西給孩子吃，糟蹋了食物。

村民對我行為舉止的反應，時常給我許多啟發，這次對話也不例外。我很想繼續聊，卻被一群湧上來的小孩打斷了。他們個個身上有傷，來找我急救。於是我匆匆把飯吃完，開始替他們治療，竭盡所能用肥皂、清水、抗菌藥膏及ＯＫ繃處理傷口。一名小男孩雙手摟著母親肩膀，兩腿張開趴在她背上。婦人放他下來，讓我看他屁股上的瘡口。

「出了什麼事？」我問她。

「他之前得瘧疾，所以我就給他打了一針鹽酸間苯二酚奎寧。現在他瘧疾好了，腿卻一碰就痛。」婦人說。

「但他走路沒問題？」我一邊問，一邊牽著男孩的手帶他前後走動，看那條腿是不是還聽使喚。

「當然，他走路很正常。」

「妳注射的針頭是從哪裡來的？」我抓著那孩子檢查他的瘡口，繼續問道。

「鄰居那邊。」婦人答道。

馬利和許多醫療匱乏的地區一樣，認為打針比服藥有效。醫師通常只會開處方箋，讓病人到藥房買藥，至於把藥注射到體內，就得靠病人自己想辦法了。這往往表示得付一筆小錢「向鄰居借針」。要是再多付一點，還能讓別人替你打針，不然你也可以自己動手。針頭或許每次使用前會用水洗，但顯然沒有消毒。重複使用可能導致注射部位輕微發炎，而這種現象並不少見。隨著愛滋開始在馬利流行，情況變得更加危急。儘管這種做法不夠衛生，卻可能比到診所讓醫師打針更好。我在馬諾布古的朋友艾尼耶絲就曾經親身經歷。

一九八二年雨季，艾尼耶絲帶她一歲大的女兒去了一趟婦幼健康中心，因為她女兒感染了嚴重的瘧疾。醫師替她女兒打了一針鹽酸間苯二酚奎寧。鹽酸間苯二酚奎寧是黏稠的油性氯喹混合物，對抗瘧疾的最強效藥物之一。其實口服氯喹錠可能就夠了，但打針感覺就是不一樣。

遺憾的是，這位在法國受訓的馬利醫師對人體結構了解有限。他沒有選擇將針打在臀部的脂肪和肌肉組織，或是大腿正面，而是打在大腿背面，直接刺進小女孩的坐骨神經。坐骨神經貫穿腿部，有一根手指寬，負責大腦和腿部肌肉的聯繫。坐骨神經被針一扎，小女孩的腿就瘸了。

一歲的她剛學會走路，這下又回復到在地上爬，拖著一條沒有反應的腿。但艾尼耶絲沒有放棄，每個月都帶女兒去卡蒂接受針灸治療，並且每天陪女兒練習，強化她的腿部肌肉。小女孩花了一年多，最後總算又能走路。這段經歷實在可怕，沒想到受害的不只她家。

瘸腿事件後幾個月，艾尼耶絲家隔壁的小男孩也感染了瘧疾。他母親必須替他決定，是要瘧疾還是要殘廢。這男孩之前得過幾次瘧疾都捱過來了，因此她感覺去找醫師可能會增加新的風險，讓孩子因為注射不當而瘸腿。她決定賭一把，將孩子留在家裡。結果她賭輸了。小男孩這回沒能熬過，喪失了性命。

隔天早上，恩騰科尼村民將男人用的神聖聚會所借給我們，當作測量場地。這個圓頂小屋直徑六公尺，中央一根巨大的柱子是用樹幹做的，支撐著茅草屋頂。由於它有兩個大門，因此光線充足，通風良好，又能遮擋暴風雨。

屋樑上掛了不少東西，兩扇門上方分別吊了一串牛骨與一串玉米穗軸，屋椽則是插了幾個男孩割禮玩具。這種木造玩具名叫**叉鈴**（*sistrum*），以樹枝為主體，串上葫蘆做的鋸齒圓盤，行完割禮的男孩會穿著特製的服裝，搖著叉鈴在村裡遊行。葫蘆圓盤會發出嘈雜的喀啦聲，提醒村民男孩來了。村民會送男孩小禮物，紀念他們完成割禮。我從來沒在一個地方見到這麼多叉鈴。

測量起初有些混亂，因為外頭的人看不到我們在做什麼，統統想擠進來。不過，村長很快就把問題解決了。測量進展飛快，男人、女人、小孩、男人、女人、小孩，一次一個家族，從其中一扇門進來，測量完後從另一扇門離開。屋外豔陽高照，小屋裡清爽怡人，米蘭達坐在一旁讀書，偶爾抬頭看一眼，但她實在對測量沒什麼興趣。

「媽，妳看！」上午過了一半，米蘭達忽然大喊：「天使來了！」天使是我們家用來稱呼唐氏症兒童的綽號。唐氏症小孩通常（但不是永遠！）都很窩心、開朗又溫柔，許多家裡有唐氏症孩子的父母都覺得他們是神賜的禮物，因此稱他們為天使。我轉頭順著米蘭達的目光望去，只見一個小女孩跟著一大家族的一群小孩走進屋裡。她腦袋小小圓圓的，有著典型的唐氏症五官，鳳眼、內眥贅皮、小扁鼻和小耳朵，絕對是唐氏症沒錯。她的名字叫艾比，跟彼得一樣四歲左右。

我跪在小女孩面前。「哈囉，小可愛。」我用英語說：「我可以抱妳嗎？」我張開雙臂，小女孩主動走到我懷裡，給了我大大的擁抱。

我抬頭看她母親。「妳有發現這孩子跟其他孩子『不一樣』嗎？」我小心翼翼斟酌問道。

「那個，她不會講話。」小女孩的母親語氣遲疑，轉頭尋求丈夫附和。「沒錯。」她丈夫接口道：「她一個字也沒說過。」

「但她一直很健康？」我問。

「對。」小女孩的父親答道：「除了不講話，她就跟其他小孩一樣。她總是很開心，從來不會哭。我們知道她耳朵沒問題，因為我們叫她做什麼，她都會照做。妳為什麼對她這麼感興趣？」

「因為我知道她是怎麼回事，我兒子就像她這樣。」我興奮地從手提袋裡拿出彼得的相片給他們看，但他們看不出像在哪裡。膚色差異蓋過了五官的相似。不過話說回來，馬利人覺得白人都長得一個樣，而唐氏症小孩也不是真的都長得一樣。他們只是「以同一種方式不一樣」，長相還是更像自己的父母與手足。

「你們見過其他孩子也像這樣嗎？」我問他們，心裡滿是好奇，不曉得馬利鄉下如何看待唐氏症這種難得一見的症狀。唐氏症孩童本來就很罕見，大約每七百名才有一例，在一個每年頂多只有三、四十名新生兒的鄉村裡，可能要二十年才會出現一名唐氏症孩童，其中許多孩子根本活不到旁人看出他們與眾不同。唐氏症孩童的身體中線器官（如心臟、氣管和腸道等）經常有缺陷，如不立即進行手術或新生兒照護，許多都無法活命。這些手術和照護在美國的兒童醫院司空見慣，在馬利鄉下卻付之闕如。即使沒有生理的缺陷，唐氏症孩童出生在馬利鄉下還得熬過瘧疾、麻疹、霍亂、白喉和小兒麻痺的嚴酷考驗。其中有些孩童跟彼得一樣，免疫系統不良，更是容易受幼童疾病威脅。在馬利農村要找到一個不但活著，而且活得健康的唐氏症孩童，簡直機率渺茫。

果然，這對父母不知道有誰的小孩和艾比一樣。他們問我知不知道什麼藥能治好她。我對他們說：「沒有，這種症狀無藥可醫。但她會學會講話的，只要給她時間，多跟她說話，要她重複你們說的話，同時給她許多關懷與愛。她學東西可能比較久，但不要放棄。在我的國家，有些人說這些孩子是神的禮物。」就算有穆薩幫忙翻譯，我也不可能解釋細胞、染色體和染色體不分離給他們聽。再說，我心裡想，就算講了也沒差。他們本來就接受她這個模樣。

我們又聊了一會兒，接著我測量了他們一家人，包括艾比。不用說，她的個子比一般同齡的孩子矮。結束之後，我又抱了她一下，給她一個氣球，送她和她的兄弟姊妹走出小屋，接著轉頭對穆薩和希瑟說：「嘿，我需要喘口氣，給我幾分鐘。」

我走出小屋，經過耐心等候測量的一長排隊伍，村民們都轉頭看我。我走到組長家的合院後方，在一棵倒木上坐下來，深呼吸幾口氣，試著克制自己的情緒。最後我放棄了，雙手抱著膝蓋開始啜泣。我為艾比而哭。她是多麼勇敢！要是她有幸接受現代西方的早期療育協助，該會長得多好。我也為彼得而哭。他也一樣勇敢。要是他能活在一個單純接受他的文化裡，該會過得多好，不會有人用刻板印象看他，也不會對號入座看扁他，覺得他就是沒辦法。

我還為自己而哭，哭我一點也不勇敢。我的心彷彿就要爆炸了，充滿了對彼得的思念。噢，我的心肝，我的天使。

古人說「無知是福」，這句話顯然有幾分真理。或許馬利的孕婦夜裡必須擔心茅坑有惡靈出沒，卻不會煩惱染色體異常、羊膜穿刺術道不道德，也不會為了孩子可能的殘疾而百般糾結，拚了命想知道哪些殘疾會讓人生不值得活。美國婦女或許有選擇生不生殘障子女的自由，馬利婦女卻有不用煩惱這件事的自由。美國小孩有接受特殊教育克服殘障的自由，馬利小孩卻有免於最大殘障的自由，那就是不受他人偏見的壓迫。

我哭乾眼淚，從廚房桶子裡舀了一把冷水潑了潑臉，回小屋繼續幹活。

9

單車雞
Poulet Bicyclette

跟我說你吃什麼，我就能跟你說你是誰。只要懂得破解，不僅生平和系譜，連整套人類學都能從食物裡推導出來。

美國美食作家，帕比・坎南

小巧的法馬布古村座落於道路兩旁，小屋與羊圈沿山坡而下，零零星星，幾乎淹沒在小米與玉米田中。村子外圍一排小圓爐灶，堆滿了冒煙的乳木果。村民從四面八方朝村長家的合院移動，孩子的笑鬧聲在田間迴盪。

測量隊的肚子被恩騰科尼村民餵得飽飽，只想睡個午覺，但法馬布古村的人已經在等了，所有村民聚集到村長家內外。遮蔭的大陽台讓人得以擺脫正午的烈日，稍稍喘息。

「快進來用餐，」村長示意道，「女人們特別為你們準備了飯菜。」

「噢，天哪。」我哀號道：「穆薩，麻煩你盡可能婉轉向他們解釋，說我們在恩騰科尼村吃過了。他們很清楚我們會在恩騰科尼村用餐。」接著我氣沖沖轉頭對拜卡利說：「你沒跟村長說不用替我們準備飯菜嗎？沒跟他說我們會在恩騰科尼吃中餐，在多貢吃晚飯？」

「有啊，我有跟他說。」拜卡利說：「但他們已經準備了，我們最好吃一點。」

「可是我們又不餓，而且沒時間了。」我反駁道：「再說，所有女人和小孩都來了。我們必須立刻開始，不能要他們等我們吃完，何況我們才剛吃了一頓。」

我說完便開始擺弄桌子及測量設備，讓穆薩和拜卡利去安撫村長。希瑟走到隊伍前去蒐集出生證明，並開始要村民們排好。

「嘿，」她說，「這裡幾乎所有人都姓提洛或克米納尼耶。」這兩個姓氏在馬諾布古或其他村莊都很少見。

「克米納尼（*kemi naani*）？」我重複一遍。「克米納尼不是四百的意思嗎？這算哪門子姓氏？」

「那是班巴拉過去常見的姓氏。」穆薩說。

穆薩和拜卡利承諾村長我們會晚點吃，村長這才平靜下來。他也姓提洛。「我們有時會叫『那些人』克米薩巴（*kemi saaba*）。」村長說。

「他們會叫他們三百？」我說。「我無法理解。」

「那是玩笑話！」穆薩解釋道。村民們哈哈大笑，推推擠擠取笑對方，也取笑我。「你們看他，」一名老婦人指著一個特別矮的男人大喊，「他只有兩百五！」所有人哄堂大笑。

測量進行迅速。姓提洛的女人嫁給姓克米納尼的男人，姓克米納尼的女人則嫁給姓提洛的男人。「家族外婚！」希瑟興高采烈。「真是太帥了！」

在人類學教科書上讀到家族外婚為主要的社會組織方式之一是一回事，在某個村子裡真正見識到又是另一回事。在法馬布古村，所有提洛都能回溯到同一位祖先，這一帶的第一位提洛。不是所有人都曉得自己跟這位「提洛之父」關聯何在，但只要你姓提洛，就是家族的一分子。克米納尼也是如此。但身為家族一員不只告訴你祖先是誰、你在村子裡和誰是親戚，還會影響你能嫁誰娶誰，因為家族外婚的原則讓你只能嫁娶家族外的人。只要你姓提洛，就不能嫁娶姓提洛的人，只能和姓克米納尼的人結婚。其實只要不是姓提洛的都可以，但由於村裡不姓提洛的人幾乎都姓克米納尼，因此往往最後還是跟姓克米納尼的人結婚。在父系社會中，孩子跟著父親姓，所以雖然從基因上來說，村裡大多數人都是提洛與克米納尼的混合體，但哪個小孩屬於哪個家族絕不會搞錯。

測量持續進行，流程也大致固定了下來。希瑟負責整理出生證明和唱名，被叫到名字的人走上前來，由我帶他踩上體重計，然後彎腰讀出體重給希瑟聽，讓她記在資料本裡。接著穆薩會帶受測者到身高計前，協助對方站好位置，雙腳併攏，收下巴，眼睛看前面，我會壓低橫桿貼著受測者頭頂，然後同樣把數字唸給希瑟聽。之後是量頭圍。男人必須脫帽，女人則得摘下頭巾。辮子有時會造成麻煩，無法量到正確的頭圍。臂圍最簡單了，沒什麼困難。最後我會看小孩（再也不看大人）的嘴巴，數他們有幾顆乳牙或恆齒。

馬利小孩不像美國小孩，童年時沒有搖著乳牙擔心它會掉，最後牙齒終於掉了，又恭恭敬敬擺在枕頭下，期待夜裡牙仙子會拿禮物來交換的樂趣（我們還敢說馬利人的傳統很怪！）。這裡有些孩子即使年紀不小，依然保有三、四顆乳牙，乳牙被長出來的恆齒擠到一旁，歪成奇怪的角度。穆薩會教他們前後搖動這些牙齒，告訴他們乳牙必須拔掉，恆齒才能長到正確的地方。

接下來的受測者是一名獨腿少年，另一條腿從大腿以下截肢了。他拿著一對自製的拐杖，雖然對他來說這拐杖早就太小了，卻操縱自如，動作很優雅。「你的腿怎麼了？」我問他。

「我前年被蛇咬了。」少年一邊回答，一邊笑著拄著拐杖轉了個圈。「但其他男孩子幾乎還是跑不贏我！」

少年將拐杖交給朋友，單腳跳上體重計，張開雙臂保持平衡。我將體重讀給希瑟聽，接著又說：「記下他只有一條腿，這樣我才會曉得統計分析時不要納入他的體重。」

不論你對田野工作準備多充分，也不論你對研究哲學、採樣策略、研究方法、調查技巧、訪談、自然探究法、參與觀察和人體測量等方面的訓練多扎實，一旦實際去到田野現場，永遠會有意想不到的事情發生。我在研究方法課上從來沒人提過斷腿小孩的事。

測量時我很少思考。分析時會發現孩童營養不良比例極高，但這一點在蒐集資料時不一定會察覺，因為出生證明在希瑟手上，只有她知道孩童的實際歲數。不過，孩子的嘴巴不時會讓我如夢初醒。例如我剛才測量的這個小孩，看起來像結實的三歲男童，中門牙卻已經是恆齒，表示他應該六、七歲了。或是那個身材比例不對的八歲女孩，她的第二大臼齒已經長齊，表示她至少十二歲。當然，有些孩子一看就知道營養不良，肋骨清楚可見，手肘與膝蓋比手和腿還粗等等。患有紅孩症的孩童很少，每個村子只有一、兩個，但所有成年人都知道這個名為符努巴那的病，而且每個村子似乎都有一個卡芙恩，一個長得「那樣」的FLK。

在營養不良盛行的地區推行營養教育有個麻煩，就是人們已經習慣孩童長成那樣了。孩童普遍輕度或中度營養不良會被視為自然，覺得小孩「就是長這樣」，而不是把它看作一個必須解決的問題。體重不足的孩子太多，連我也受了影響。在田野地點待了幾個月後，我開始覺得這樣的小孩很正常，只有嚴重營養不良的孩童才會讓我當場察覺。這就叫習以為正常。回到美國，在購物中心看見胖小孩嘴裡塞滿快樂兒童餐的薯條和漢堡，我只覺得想吐。

成年人的營養不良更難察覺。他們不像孩子那樣四肢骨瘦如柴，若不是個子太矮，你根本看不出差別。我身高一百七十三公分，在美國通常比大多數女人高，跟一般男人差不多。但在馬諾布古，還有巴馬科，這裡的女人普遍比我高，比我結實。巴馬科的男人身高一般超過一百八十公分，有些更超過兩百一十公分。我每回講完自己的研究，學生和其他教授最常提出的問題永遠是：「這麼矮的小孩怎麼能長到那麼高？」答案當然是：「並沒有，那些矮小孩都死了。他們沒有長大。」

多貢鄉下的成年人通常不高，不論與美國人或都會區的馬利人相比皆是如此，男性平均身高大約只有一百七十公分，女性則是一百六十公分出頭。馬利人只要營養充足，且不受寄生蟲和疾病侵擾，應該會比美國人更壯更高，但我有生之年是看不到了。

法馬布古的測量進行到下午，我們倒是遇見一個不姓提洛也不姓克米納尼的人。他名字叫作比洛．比桑，是貴族獵人。他穿著傳統手織綿衣，包括一件精巧的「狩獵衫」，上頭沾了乾涸的血，同時雜亂繡上許多獵人的物神（fetish），脖子上掛著一串護身符，髮色斑白的頭上戴著一頂特製獵人帽。測量頭圍時，他拒絕脫帽，讓資料又多了一道缺口。我被掛在他右耳垂上的金圈耳環給迷住了。

「我是偉大的班巴拉獵人。」他用低沉的嗓音抑揚頓挫說道。見我忍不住往後退，他咧嘴笑著說：「別怕，我不會開槍射妳。」他將槍靠在村長家牆上放好。槍是手工做的，一把老舊的連珠槍，用汽車零件和精雕細琢的木頭製成，跟狩獵衫一樣裝飾著物神。槍身上的綠鏽透露了握槍的位置。

我知道槍沒有危險，但這個叫比洛．比桑的傢伙還是讓人有些毛骨悚然。許多馬利鄉下人見到我，從頭到尾都頭低低的，比洛卻直視我的眼睛，彷彿能洞悉我的想法。而且他身上散發著一股強烈的力量，所到之處空氣都為之擾動。他讓我害怕，那感覺就和我有次見到科．莫（Komo）面具一樣。這種面具由木頭製成，象徵法力高強的神靈科莫。在班巴拉的傳統社會裡，科莫能強化族人順服，協助占卜與解決問題。我的理智告訴我，眼前這傢伙只是一位老人，就像科莫面具只是一塊沾著雞血、小米酒和其他獻祭物的木頭。但第六感卻讓我在面具和他身上感到一股不尋常的力量與危險。穆薩也感覺到了。他往旁邊退開，同時發現我有一樣的感覺，不禁皺起了眉頭。

獵人走到身高計前。「那耳環是怎麼回事？」我悄悄對穆薩說，想讓氣氛輕鬆一點。穆薩小心不碰到獵人，只口頭告訴對方該怎麼站，眼睛要看哪裡。

「我不曉得。」他回答道：「應該是某種獵人的規矩。我對獵人不是很熟。」

獵人在班巴拉的傳統社會擁有特殊地位，如魔法般近乎神祕。他們穿特製的衣服，是祕密守護者，具備神聖的知識，了解叢林和他們所殺的動物的魂靈，據說有些獵人甚至能變成動物。葛利歐特會哼唱獵人歌讚頌他們，還會記下偉大的獵人，世世代代稱頌流傳。環境改變、人口增加、伊斯蘭教傳入、農業擴張和政府頒布新的禁獵令，都讓獵人失去了往日的崇高地位。不再有年輕人進入神祕的獵人世界，也不再有新的歌曲讚頌他們。比洛屬於一個消逝的族群，他是最後殘存的幾位。

太陽匆匆落向地平線，最後一個肥嘟嘟的棕皮膚寶寶也回到母親懷裡，大夥兒收拾好設備朝卡車走去。我滿心期待回多貢能用水桶沖個冷水澡，還有熱騰騰的卡巴飯準備好給晚歸的我們。消失了一下午的拜卡利忽然出現，氣派宣布道：「村長請我們去享用他們準備好的餐點。」

「你開什麼玩笑？」我疲憊地說：「我以為這件事已經講清楚了。那些食物在這種溫度下擺了一整天，他們怎麼可能認為我們會吃？今天至少攝氏卅七度。」

拜卡利只是一臉困惑望著我。「這件事和吃飯有什麼關係？妳要是不一起用餐，對他們是天大的侮辱。畢竟主人有責任餵飽來客，而且他也說服所有村民放下田裡的工作一整天，讓妳可以蒐集妳需要的資料。」

「首先，拜卡利，」我試著克制怒火，「我們之前就跟村長說我們午餐後才會到，我們會先在恩騰科尼吃飯，請他不要準備吃的。其次，村民早上可以到田裡幹活，因為他們知道我們午餐後才會到！」我可以聽見自己聲音變尖、變大，話也開始混亂，變成班巴拉語、破法語和英語的大雜燴。「第三，也是最重要的一點，那些食物已經在高溫下擺這麼久，早就長滿細菌了，吃了只會讓我們所有人大吐特吐。」

「可是，村長會很生氣。」拜卡利又說了一次，完全沒把我的反駁聽進去。「我們非去吃不可。」

「好吧，拜卡利，那你去吃！我和米蘭達和希瑟在卡車這裡等。」說完我便大步走開以示抗議。卡車停在大路旁的樹蔭下，我們走到卡車旁，我將設備扔進卡車貨斗，接著便精疲力竭躺在草地上。幾個小孩圍了過來，盯著我呵呵笑。

「當個好人類學家為什麼這麼難？」我用英語問他們，只是想發洩一下。那幾個孩子用手遮臉，嘻嘻竊笑。

「妳真的覺得我們吃了會拉肚子？」米蘭達問。

「當然。」我說：「那些食物就算沒被細菌汙染得那麼厲害，我們也沒本錢生病。」

「那他們怎麼能吃？」米蘭達很好奇。

「他們已經習慣了。」我解釋道：「從他們開始在地上爬，開始吃固體食物，他們就整天被細菌轟炸。只要能活下來，就會習慣。當然，他們很多人死於霍亂，在很小的時候。」

「嗯。」米蘭達說。

過了不久，穆薩出現了。「果然很糟，」他說，「妳沒去吃可能是對的。拜卡利和其他人還在吃。」他伸手從卡車裡拿了一個飛盤出來，開始教那群圍上來的小傢伙怎麼玩。

午夜過後，我從夢中醒來。房裡漆黑一片，連蚊香的火光都熄了，唯有用眼角餘光，門的輪廓才隱約可見。我從希瑟和米蘭達中間悄悄抽身，緩緩將門打開，走進魔幻世界。成千上萬的星星照亮了法拉耶家的院子。星光璀璨，偏離了平常的位置。獵戶座低懸在東方的地平線上，被繁星團團包圍。

遠方傳來鼓聲，宛如村子的心臟在跳動。這時候有誰也醒著？為什麼在打鼓？難道是極為隱密，不准女人參加，只准自己人出席的科莫聚會嗎？是科莫在跳舞？我很想去找鼓者，但出於恐懼而裹足不前，還有尊重。恐懼自己迷路，絆倒跌跤，被野獸攻擊或被惡靈附身，同時尊重打鼓人的隱私，怕被他們發現。科莫對土巴布毫無感覺。這裡的生活不論有沒有人類學家、觀察者或遊客，即便我感到浪漫，充滿異國風情，對村民來說一切如常，日子還是照過。午夜鼓聲是為了慶祝，或哀悼，或占卜，都與我這雙外來者的耳朵無干。

性急的群眾推推搡搡，大吼大叫，搶著擠到健康中心的門廊上。男人用力揮舞手中的出生證明，女人七嘴八舌喊著「我先，我先」，小孩咧嘴微笑，靈活踩著舞步，隨即從門廊上一躍而下，從底下群眾的腦袋瓜上飛過。太陽才剛升上地平線，我才喝了一杯咖啡，測量就已經開始了。多貢村是多貢區的首府，村民超過五百人，統統都想第一個量。

這不能怪他們。所有村民都有工作在家裡或田裡等著他們，而健康中心的院子又幾乎沒有遮蔭的地方。女人們有家事和農活要忙，要去井邊汲水，要撿柴砍柴，要搗小米或玉米，要去菜園或樹叢摘水果和葉菜，要煮飯和打掃合院，要洗衣服，而且永遠有小孩要哺乳、要餵飯、要看著、要安撫。除此之外還有別的粗活，有一大堆乳木果要揀選和烘烤，還得顧火。男人們也一樣忙碌，因為第一穗的玉米已經可以收成了。小孩也不能走，不然平常他們可以去放山羊和綿羊，或用彈弓打鳥、蜥蜴和大鼠。

靠著法拉耶幫忙，村民們退到門廊下排好隊，測量於是火速展開。我們必須動作快，趕在村民們在烈日下等到脾氣爆發前把所有人量完。雖然起初有點手忙腳亂，但我們開始抓到節奏，讓村民魚貫走上台階，依序接受各種測量，然後走下門廊。法拉耶真是勤奮與條理的最佳榜樣，讓測量進行得更有效率。

我們很快就發現，碘缺乏是多貢村的主要問題。隨著測量持續進行，我們開始拿村民甲狀腺腫的大小和誇張程度開玩笑。碘是身體必需的養分，能讓大腦正常發育，並維持荷爾蒙機能。碘缺乏的主要症狀是脖子前側甲狀腺腫大，有不少文化將脖子略為腫起視為性感與美麗的象徵。但碘缺乏如果不治療，將導致甲狀腺腫，形成異常肥大的腫脹。孕婦的飲食如果含碘量不足，就可能產下罹患「呆小症」的嬰兒，留下終身的智能障礙。碘缺乏通常需要很久才會出現可見的腫大，因此幾乎都在成年人身上發現。甲狀腺腫比較常見於成年女性，因為女性會分泌和月經或懷孕相關的荷爾蒙，對碘的需求較高。碘缺乏在現代美國非常罕見，因為所有人三餐用的鹽都加了碘。但在世界其他地方，食物裡的碘主要來自於作物生長的土壤。若土壤的碘含量不足，人的攝取量就可能不足。

到多貢測量之前，我只會記下受測者有或沒有甲狀腺腫，有的人很少。但碘缺乏在多貢實在太過嚴重，連男孩身上都看得到症狀。這裡幾乎所有成年人都有甲狀腺腫，有些腫得很大，於是我開始用「小」、「中」、「大」來告訴希瑟受測者甲狀腺腫大的程度。

一名婦人的甲狀腺腫有籃球那麼大，已經褪了色，從脖子沉甸甸垂到胸前。「這應該算是『特大號』。」我朝希瑟打趣道，希瑟寫完數字抬起頭來。「天哪！真的好大！我看至少將近五公斤！」

穆薩和希瑟兩人笑到流淚。「好了，你們兩個，正經一點。」我嚴厲瞪了穆薩一眼，告誡他們兩個。「還好這位婦人不曉得我們在笑什麼。」

那天晚上，我問多貢健康中心的負責人，他是政府衛生官員，我問他怎麼處理村民甲狀

CHAPTER 9 —— 單車雞

Poulet Bicyclette

法拉耶·杜姆比亞和希瑟·凱茲在多貢村整理出生證明，以便測量進行。

本書作者和穆薩·迪亞拉用吊秤測量嬰兒體重，圍觀的村民看得興致勃勃。

腺腫大的問題。「什麼甲狀腺腫？」他問道。

除了那位婦人，我們還記錄了數名村民有五公斤和兩公斤半的甲狀腺腫，外加一名用膝蓋走路的小兒麻痺婦人。她走上體重計沒什麼困難，我們也記錄了她的體重，但量身高就有一點麻煩了。因為就算有人幫忙，她也無法用腳站立。她膝蓋又粗又硬，長著厚繭，膝蓋以下完全沒用。「嗯，跟她說她沒資格參與測量，對她太殘忍了。」我對穆薩說：「她特地過來，還在烈日下苦等，就為了參與我們的計畫。我們就從膝蓋以上量她的身高。」

婦人拖著膝蓋上了身高計，我拉低橫桿壓在她頭頂上，腦中再次浮現我選修過的人體測量技巧。那門課完全沒講到「跪立身高」該怎麼量。

「記得做記號，免得我把她的身高納入平均。」我提醒希瑟。

「我記下來了：僅為跪立身高。」希瑟說。

我和她都變得語帶戲謔。在豔陽下沒有休息工作這麼多小時，見到太多傷口、太多疾病、太多殘缺，開玩笑成了我們唯一的發洩。

我們連午餐都沒吃，因為雖然排隊的村民少了，但只要停下來用餐，就表示我們在蔭涼處休息時，還是有為數可觀的人在豔陽下等候。我們繼續幹活，直到最後一位村民也加入到堆積如山的資料中。我們那天從日出忙到傍晚，測量了超過三百人。

我們蹣跚橫越馬路回到法拉耶家的合院，所有人都累癱了。米蘭達在我們睡覺的房裡待了一整天，但不是無所事事。她忙得很。她憑著想像創造了一整個社會，在一頁又一頁的紙上描繪了一個又一個家庭，描繪他們的職業、長相、喜惡、宗教信仰、年收入、編號、姓名、年齡與性別。有些家庭很有錢，住別墅、玩遊艇，是鄉村俱樂部的會員。有些家庭很窮，住社會宅，有小孩死於飛車槍戰。那些人裡頭有麵包師傅、時裝模特兒、賽車手和投資銀行家，也有警衛、遊樂園攬客員、小孩與嬰兒。一整個社會，根據文化規則運作，完全記在她腦海裡，全是她身旁這些非洲鄉下人不曾想像過的生活。

休息了一個小時，精神回復之後，我們振作起來洗了澡，換上乾淨的衣服，接著我和希瑟便在小炭火盆上開始泡茶。泡茶在西非和在全球許多地方一樣，都是一門藝術，但在西非這完全是男人的工作。我們說說笑笑，總算把鮮藍色小茶壺裡的水煮滾了，但必須靠人幫忙才能將適量的茶與糖加進水裡。最後是馬坎接過了泡茶的工作，因為他年紀最輕，是團體裡地位最低的男性。他一杯一杯倒著熱騰騰的甜茶，讓我們喝了身心舒暢。

晚飯是在另一場雷雨中吃的。我們擠在漆黑的派洛特裡，拿著手電筒用餐。主食是小米餖配香草雞肉醬。「嗯——」我嘀咕道：「普雷．比西克雷特。」我的牙遇到對手了，那肉根本嚼不爛。我偷偷將肉從嘴裡拿出來，朝暗處一扔。

「妳說什麼？」拜卡利說：「普雷．比西克雷特？」

「沒錯，」我說，「poulet bicyclette，法文，直譯是單車雞。」

「什麼是單車雞？」拜卡利又問，感覺被冒犯了。穆薩在旁邊哼了一聲。

「就是騎了一輩子單車的雞，肉不但少，而且又韌又硬，這就叫單車雞。再說，這肉煮得不夠久，所以很硬。」

「不然妳還能怎樣？」穆薩說：「法拉耶太忙了，只能讓別人替他煮飯。我們這一週吃的大餐可都是組長親自下廚做的。」

的確。在馬利，女人負責煮飯上菜，男人只負責吃。我們在村子裡吃的飯，幾乎都是組長煮的。她們全是女人，都很會做菜。法拉耶不會煮飯，也不能煮，因為他是男人。他出錢請村裡的女人替他做飯，因此（婉轉地說）品質有點不穩。據說馬利男人要是找不到女人替他做菜（母親、姊妹、妻子或女兒都行），他可以連續幾天不吃飯。男人煮飯、揹孩子，和女人穿褲子、穿比基尼，這些都是土巴布幹的事，讓馬利人嘖嘖稱奇，覺得不可思議。對他們來說，土巴布穿比基尼是最大的荒唐。為什麼要遮住餵奶的胸部，卻讓所有人可以盯著女人最性感的大腿瞧呢？

每個社會都會認定某些事只能由某個性別來做，學術上稱之為「性別分工」，但更常見的說法是「大家都曉得——是女人的事」。在馬利，煮飯是女人的事，除非是工作，這時男人就能擔任「大廚」，這點和美國或法國沒什麼區別。在馬利，使用織帶機織布是男人的事。

五、六個男人坐在一起，從清晨織到日落，周圍全是五顏六色的巨大線團。在馬利，縫衣服是男人的事，但在喀麥隆正好相反，縫衣服是女人的事。所有人生下來就會學到，某些事是我們這個性別該做的，某些事是不該做的。在美國，小孩讀到幼稚園時就差不多學會了：大多數女孩都不想玩卡車，大多數男孩都不想玩洋娃娃。但這些都是文化態度，是家長、哥哥姊姊、同伴、老師、電視，甚至陌生人以各種方式灌輸給我們的，讓我們對於其他社會的區別方式感到奇怪、不自然，而不只是不一樣。可憐的法拉耶，因為他的性別與文化，注定只能吃女人煮給他的東西，無法選擇。

猴麵包樹下稍微涼爽一些，我們氣惱又無奈地靠著樹幹休息。希瑟和米蘭達一邊搔癢一邊數著被蚊子叮了幾個包。希瑟一條腿上就被叮了兩百多個包。米蘭達被叮的不多，但後來才曉得她的包更毒。我們看馬坎硬是跟路旁某個人借了單車，從我們面前呼嘯而過。一百公尺外，AMIPJ的卡車動也不動，因為油箱空了。出發前，拜卡利用管子將卡車的汽油吸出來分到田野工作人員的腳踏摩托車裡，賭我們依然能在沒油之前開到烏埃來薩布古的加油站。結果他差點就賭對了，差點。雖然馬坎非常努力，全速上坡再踩著離合器下坡，卡車還是在離加油站三公里多的地方沒油了。

沒問題，跟下一個騎單車經過的人借車就好。答應付他一小時一千中非法郎租金（相當於三美元，這可是大錢），卸下單車上的東西，將備用油桶捆在車後，跳上單車一路狂踩到加油站，買好一公升汽油，再騎回來將車還給這段時間一直在聊天休息、跟穆薩討菸抽的單車主人。用管子將汽油從桶子裡加進卡車油箱，要坐在路旁樹蔭下等候的土巴布上車，然後去鎮上加油。沒問題，簡單得很。回家囉！

10

我給你非洲鄉下

I Give You Rural Africa

離家旅行的人會比足不出戶的人更有智慧。同樣地，認識其他文化讓我們更懂得持續檢視——並更懂得欣賞——我們自己的文化。

美國人類學家，瑪格麗特・米德

我踮著腳尖，掃視著走出飛機沿著階梯下到柏油路面的乘客。我一眼就認出了史蒂芬。不論在哪裡，我都認得他走路的樣子——腳趾突出，就像坦尚尼亞拉多里的南方古猿足印。我擠過推推搡搡的人群，努力跟上史蒂芬的速度，不讓他離開我的視線。興奮的叫嚷，有法語、班巴拉語、德語和英語，讓我完全聽不見他高聲向我打招呼。少了大使館的快速通關服務（畢竟他只是遊客），史蒂芬花了一點時間才通過海關拿到行李，但最後總算掙脫那一團混亂，來到我們面前給了米蘭達一個大擁抱。我們三個擠上我和米蘭達剛才坐來的計程車往住處前進，我心裡有無數個問題想問：彼得好嗎？我母親好嗎（史蒂芬來訪這段期間，她都在德州陪彼得）？史蒂芬自己呢？這四個月家裡只有他和彼得，會不會很辛苦？他這回對馬利有什麼感覺？我們笑著抱著吻著，聽他一一答覆。

回到住處安頓好以後，我們坐在餐桌前。「我們能去多貢嗎？」他問道。

「可以。」我回答：「這個週末去。拜卡利和馬坎會帶我們三個去那裡旅行三天。我要向組長初步報告我的研究結果，但報告完就是輕鬆旅行了。油錢及餐費由我們出，但他們會負責所有安排，也會幫我們開車。湯姆可能會一起去，但希瑟說她想留在城裡。」

「那裡真的有妳在信裡描述的那麼好嗎？」史蒂芬問。

「比那還好。」我說：「那裡是我們在研究所課堂上讀到的非洲，史蒂芬，也是我們在經典民族誌裡讀到的非洲，伊凡-普理查、特納、弗提斯、布哈南、庫柏、科爾森和伊莉莎白·馬歇爾·湯瑪斯筆下的非洲。不是喇叭聲震天價響、收音機吵個沒完、街上坑坑洞洞、到處是腐爛食物與垃圾的巴馬科。最棒的是拜卡利說多貢村民答應跳舞給我們看。」

「那是什麼意思？」史蒂芬問。

「我在信裡跟你提過，我上一趟去的時候，曾經在深夜裡聽到鼓聲與音樂，所以就問拜卡利，我們去多貢玩的時候，村民願不願意跳舞給我們看。他去問了村民，結果他們非但同意，還說要特別為我跳一支舞！」

幾天後，我們到了多貢。村民集合起來，準備跳舞。

我們坐在粗木搭成的高台上，面對舞蹈場。高台的柱子刻痕斑斑。我雙腳垂在高台外前後擺盪，米蘭達因為爸爸來了太興奮，加上一路卡車顛簸，還頂著酷熱與風沙，累得在我前方的矮椅子上睡著了。史蒂芬坐我左邊，屋友湯姆在我右邊。

向晚霞光中，舞蹈場一覽無遺。我們的視野絕佳，而且不會被舞者揚起的沙塵干擾。馬利鄉下所有大村子都有舞蹈場，眼前這座場地呈橢圓形，長十八公尺，寸草不生，瓦礫垃圾清得乾乾淨淨，地面被世世代代的舞者踏得又硬又平。舞蹈場周圍有五座高台，是為老人與貴賓準備的特別席。

全村的人都來向我們致意了。舞者是其中少數，其餘的人聚集在舞蹈場邊緣，大人們站在後面，小孩或坐或站擠在前頭。幾個小孩在場地中央打鬧，見到鼓者出現就讓開了。鼓者用樹枝和灌木生火，點燃蘆葦當火把加熱鼓面，一邊收緊繩帶做調整。這時一群女人魚貫走進舞蹈場，開始圍成一圈。

年長的婦人在最內圈，她們年紀和我相仿——在馬利，女人三十歲就算老了。她們唱歌跳舞，聲音動作緩慢而有節奏，踩著腳步不停繞圈。其中幾個拿著剖半的大葫蘆，葫蘆上罩著網子，網子上掛滿寶螺殼。她們將葫蘆鈴往上拋，讓它在空中旋轉，發出美妙動人的唰啦聲，再落回她們手中。她們忽前忽後，旋轉搖擺，配合著一名年輕女子的呼喊，踏步向前。

年長婦人外面圍著一圈適婚少女，跳舞的動作更快、更有活力。最外圈則是小男孩，繞著婦人和少女轉圈，與其說是跳舞，不如說他們是在跑步，弄得飛沙滾滾。鼓者為舞者提供節奏，巧妙起落的鼓點跟內外兩圈的舞步互相應和。幾名舞者脫隊到一旁喘息，場外立刻有婦女加入了舞圈。所有舞者經過我們的看台前都會鞠躬點頭。

舞著舞著，許多圍觀的村民開始齊聲唱起一應一答的歌謠，對位唱和。嘹亮的女高音響徹雲霄，在群眾上方迴盪，呼應著上百個低沉的嗓音。我問法拉耶這首歌在唱什麼。「他們在唱妳的工作，唱妳怎麼來到這裡，他們怎麼集合起來，一整天不下田幹活，好讓妳測量所有人。他們在唱妳有多好，妳的工作將會帶給多貢村多大幫助。」

「天哪。」我口齒不清地說：「那現在這首呢？」

「這是一首經典老歌，勸人必須多生孩子，老了才有人照顧你、幫助你、讓你開心。他們還加了幾句新的歌詞，說保持孩子健康很重要，他們才能平安長大，等你老了能陪伴你，給你許多孫子。」

木頭看台上，史蒂芬在我身旁看得如痴如醉，努力觀察所有細節並牢記心底。然而，湯姆迷上的卻是甲狀腺腫。夜幕低垂，滿月還有幾個小時才會出現，舞蹈場中央的營火是唯一的明亮。婦人與少女經過我們和營火之間，臉龐與脖子被火光照成了一道道剪影。每兩個或三個女人就有一個有甲狀腺腫。「天哪，妳看那個！」湯姆驚呼道：「哇，那個一定是希瑟跟我說的『來自地獄的腫瘤』了！」

「噓，湯姆。」我喝斥道：「專心欣賞舞蹈，別再擔心甲狀腺腫了。」

接下來幾個小時，我們就像離開了這個世界，脫離了時空，浸淫在神祕之中。歌曲舞蹈還在繼續，但跳舞的女人一個個離開，回到群眾之中。舞蹈場上的營火弱了暗了，而後熄滅。天空中繁星低垂。一群男人拿著水桶開始朝四面八方潑灑，劃出一道道弧線，讓塵土回到地面，空氣恢復清朗。「哇！他們怎麼不早點潑水？」我心裡想。我們在黑暗中幾乎什麼也看不見。

群眾閒聊慢慢平息。所有人安靜下來，只剩離我們最遠，站在村子通往舞蹈場路上的人還在竊竊私語。鼓聲再次響起，速度更快、節奏更尖。「妳看。」史蒂芬說：「妳有看見那兩個舞者嗎？」

我直到舞者走到看台前才看見他們。兩人都是男的，很年輕，服裝樸素簡單，頭上戴著流蘇帽。其中一人拿著哨子，另一人拿著葫蘆鈴。我起先很失望他們沒戴面具，但兩人的舞步之美隨即讓我看得目瞪口呆。他們緩緩開始，舞步謹慎而精準，但轉眼就狂放起來，劇烈跳躍轉動，充滿不羈的活力與力量。他們揚手擺腿，搔首弄姿，高視闊步，模仿各種動物，有羚羊，有獅子、大象與猴子。他們朝我們舞近、遠離，輪流展現舞技，爭取我們的垂青。空氣中瀰漫著刺鼻的柴煙與汗水味。

兩名舞者被米蘭達弄得有點糗，因為即使他們在她面前跳舞，用力跳躍跺地，地面都為之震動，米蘭達照樣呼呼大睡。拿哨子的舞者對著她的臉吹哨子，個子和舞技都高人一截的舞者貴為目光焦點，在她面前瘋狂舞動，腿上的嘎嘎器喀喀作響，左右甩頭，雙臂在頭上揮舞，汗水四濺，米蘭達依然不知不覺，睡得又香又甜。

兩名舞者不停跳著繞著，搖擺轉圈，頓足跺地，甩動嘎嘎器，最後鼓隊入場，將其中一名舞者趕到場外。另一名舞者比較難對付，他們追著他兜圈子，但他總是有辦法掙脫，回到我們面前跳舞。最後他們將他推到場外，逼他逃回村裡。世界安靜下來。我們爬下看台，好幾小時坐著不動讓我們身體又硬又痠，史蒂芬抱起米蘭達，我們隨著法拉耶走回合院，倒頭就睡。

隔天早上，我們大啖小米**麩嚕麩嚕**（*fru-fru*，炸小米球），暢飲咖啡。村裡一名男子答應擔任導遊，帶史蒂芬和湯姆健行到村後的山丘頂上。男人們離開之後，我留在村裡，在芒果樹下替組長、法拉耶和拜卡利上課。我在黑板寫下自己的初步發現，表示孩童營養不良的比例高得驚人，警告甲狀腺腫的危險，並提供建議給組長，告訴她們從哪些步驟開始執行這項艱鉅任務，解決兒童營養不良的問題。她們頻頻發問，我們腦力激盪了好幾個小時，思考各種做法，爭論每種做法的優缺點。預防接種比提早開始攝取固體食物重要嗎？兒童疾病有多少起自食物汙染，例如在高溫下放置過久或雙手不乾淨？引起甲狀腺腫的碘缺乏該如何解決？營養宣導訊息要如何融入信貸互助會的定期聚會當中？

時光匆匆，太陽爬上了天頂。我返回法拉耶家的合院，去寢室裡看米蘭達。她早上都待在房裡看書。我正擔心史蒂芬和湯姆怎麼還沒回來，他們就出現在門口了。兩人汗流浹背，氣喘吁吁，臉頰因為日曬和疲累而紅通通的。

「水。」史蒂芬啞著嗓子說。我指了指門旁邊平台上的罐子。平台是用沙子砌成的，罐子用鐵盤蓋著，上頭擺著一個倒放的杯子。馬利家家戶戶都有一只這種大陶罐，水會從罐壁緩緩滲出，然後蒸發，讓罐裡的水維持沁涼。史蒂芬連灌五杯才將杯子交給湯姆，整個人癱在地上。

「你們玩得怎麼樣？」我問。

「非常好。」史蒂芬說：「山頂上的景色美麗極了，要不是那些茅草屋頂，你還以為自己身在新英格蘭呢！我從來沒見過這麼翠綠的馬利。回程我們穿越小米田，感覺有點恐怖，我們還看到幾個不可思議的坑道。」

「嘿嘿嘿，」我嚷道，「慢一點，一件一件來。」

史蒂芬起身又喝了幾杯水，接著開始詳細描述早上的冒險。他們的導遊是個老人，光著腳在山裡左彎右拐，感覺毫不費力，輕輕鬆鬆就到了山頂。反觀史蒂芬和湯姆，雖然年紀輕又穿著登山鞋，卻得拚了老命才跟得上老人，更別提山裡就算有路，也被濃密的樹叢蓋住，更別提山坡石頭多，每走兩步就會往下滑一步。

「我一直擔心自己會踩到蛇。」史蒂芬說：「山上景色真的很棒，但最棒的還是回程途中穿越小米田。那些小米已經差不多可以收成了，絕對有五公尺高！走進田裡感覺就像踏進森林，裡頭又涼又暗。湯姆只要快我幾步，就完全被小米吞沒，我就看不見他了。你要是在裡頭迷路，肯定走不出來。」

「你說你們看到坑道是什麼意思？」我問道。

「喔，那一段也很精彩。小米田裡有許多坑道通往地下。導遊老人說這裡的人過去會躲在坑道裡，躲避村與村之間的戰鬥。」

「那一定是很久以前了。」我說。

「我想至少上百年，」史蒂芬說，「應該是在法國殖民之前了。我們發現了九或十個坑道，導遊說還有非常多。那些坑道看起來就像很淺的井，直徑大約一個人孔蓋，先垂直向下一公尺，然後變成水平，消失在小米田底下。老人說所有坑道都彼此相連，人可以在裡頭躲很久，直到能平安回村子裡為止。」

我們在一棵大洋槐樹的濃密樹蔭下休息放鬆，等候午餐。這時一名年輕人走上前來，輕聲向法拉耶自我介紹，跟我們每個人握手，然後找位子坐了下來。從頭到尾，他眼睛一直望著地上。

「他是昨晚那位領舞者。」法拉耶說完，向他介紹了我們每個人。

「天哪。」我驚呼道：「他現在看起來好安靜、好靦腆！他一定也累壞了。」

法拉耶將我的話譯成班巴拉語，年輕人抬頭微笑，露出兩顆上門牙之間的一道大縫。他**很靦腆**，而且累癱了，還有一點尷尬。他說自己花了六年學舞，拜村裡的首席舞者為師。師父因為年事太高，已經跳不動了。他雖然才廿五歲，已經是這一帶的知名舞者，以舞步優雅力道十足而聞名。

吃完米飯和花生醬做成的美味午餐（沒有山羊屍塊！），短暫午休片刻，我們便收好行李，開車前往恩騰科尼，我們旅程第二天的落腳處。我指著自己爬過的樹和做測量的兩門小屋給史蒂芬看。組長提朵．芭先讓我們在她家的合院安頓好，接著便帶我們去見村裡的產婆。產婆所在的泥屋有三個房間，鐵皮屋頂，是村裡的婦幼診所，所有恩騰科尼和鄰村的孕婦都會來這裡分娩。

產婆是一名中年婦人，垮著肩膀，但講話很有條理，帶著我們詳細參觀了房間。右邊是

本書作者的丈夫（文化人類學者史蒂芬・德特威勒）和田野助理穆薩・迪亞拉在恩騰科尼村協助研究一整天後稍事休息。

產房，長三公尺、寬兩公尺的矩形空間，地面微微傾斜方便清理。孕婦生產完後，水會直接沖到地上往下流，從地面和牆壁交接處開的小孔排出去。產婆沒有醫療設備或用品，只有一把矮凳、一張讓產婦躺著的蘆葦蓆和政府提供的「生產包」，東西用完了就沒了，產婆想補齊也沒辦法。裡頭有幾個空酒精瓶和空碘酒瓶、割臍帶的剃刀、橡膠手套和一把壞掉的產鉗。

中間是候產室，供孕婦和訪客等候，左邊房間有一張床，讓母親恢復和新生兒休息。床上這會兒躺著一名害羞的年輕媽媽，很興奮能向來訪的土巴布炫耀自己的寶寶。湯姆對這裡設備之缺乏震驚不已，忍不住問產婆接生時有沒有孕婦死亡。

「只有一個。」產婆回答，語氣驕傲又遺憾。「三十多年來就只有一個。我接生了那麼多嬰兒，只失去一位母親。」她若有所思望著門外的小米田。

「出了什麼事？」我柔聲敦促她往下說。

「她是鄰村的人，離這裡大概四公里遠，分娩兩天不成之後，用走的走來我們村裡，整個人累壞了。嬰兒剛出來一點，我就知道方向不對了，因為他一隻手臂先出來，嬰兒不可能用那個姿勢出生。我們一看到是這樣，就決定送她到南方的西卡索，讓她住院。」

「她怎麼去那裡的？」我問。

「搭驢車去的。」產婆接著說：「他們花了一整晚才到大路，攔下一輛卡車送她去醫院。但西卡索的醫生說他們無能為力，就用計程車送她去巴馬科了。」

「但這樣根本是反方向，而且要好幾小時不是嗎？」我質疑道。

「是啊，我知道，但我們以為西卡索的醫院有辦法處理，而且距離比較近，所以就先送她去那裡了。」

「那她有撐到巴馬科嗎？」湯姆問。

「沒有。他們過橋要進城的時候，她就死了，因為失血太多、太疲憊。嬰兒也沒保住。」

所有人都默然不語，在心裡想像當時的情景。我一方面覺得非常沮喪，一個女人竟然因為缺乏醫療設備而死於分娩。另一方面又覺得不可思議，一個產婆三十多年來沒有醫療設備及用品，沒有剖腹產、靜脈注射、輸血和胎兒監視器可用，甚至沒有電讓夜裡有燈，竟然只有一名產婦死亡。

「妳有想過犧牲嬰兒，保住母親的性命嗎？」我問她。

「什麼意思？」產婆回答。

「我是說，妳可以截斷嬰兒的手臂，這樣或許就能伸手進去調整嬰兒的角度，讓嬰兒頭先出來，就算嬰兒可能失血過多夭折，至少能保住母親的性命。」

產婆打了個冷顫，閉上眼睛。「我絕對做不出那種事，」她說，「我絕對不可能刻意傷害嬰兒，而且我也不知道該怎麼調整嬰兒的角度。」

「我只是提議。妳的接生成功率真的很驚人。」我安撫她說：「真的。」

那一晚，史蒂芬和湯姆去找村裡的男人閒聊，我和米蘭達早早就寢。隔天還沒破曉，我在非洲獨有的靜謐中醒來，聽見婦人在搗小米。男人和小孩還在睡，女人一天的工作卻早已展開。咚……咚……咚……我換好衣服走出屋外，幾百隻黃色織巢鳥在一棵高大的樹上吱吱喳喳，樹枝上小鳥巢星星點點，有如聖誕裝飾。空氣清新涼爽，完全感覺不到即將到來的炙熱。漆黑散去，天空緩緩亮起，我匆匆去了茅坑，在煮飯小屋外供人洗手用的水桶裡洗了手，隨即溜進小屋看婦人們準備早餐。

小屋裡溫暖舒適，我縮著身子靠近炊火坐在三腳凳上，一個大鍋子穩穩架在半插進土裡的石塊上，鍋裡的小米粥又濃又稠。提朵．芭攪著咕嚕冒泡的小米粥，心不在焉跟我打招呼，一邊從鍋子底下抽出幾根柴火，調整火的熱度。我聽見背後傳來嬰兒滿足吸奶的咿啞聲，回頭發現一名村婦坐在我身後的角落。她孩子才剛出生幾週，早餐由丈夫的另一個妻子（co-wife）負責，所以才有空一大早來這裡串門子。

吃完飯後，我們到村子裡走走晃晃。前幾次來，我都沒機會好好參觀恩騰科尼村。我們想了解村民如何處理乳木果，也想找一個傳統的木雕門鎖當收藏。我還希望史蒂芬去見見艾比，就是那個唐氏症小女孩，沒想到她和媽媽去別的村子拜訪親戚了。

村裡的男人幾乎都去田裡幹活了。通常女人也會到田裡，但現在是乳木果的產季，村子裡所有身強力壯的婦人與女孩都被找來參與這個極耗體力的粗活，萃取乳油木（即雪亞樹，*Butryospermum parkii*）果實的果油。秋天收成季節一到，婦人和年輕女孩們就會花幾週時間採集大量乳木果，放進大土窯裡慢慢烘烤。這些圓形土窯高約一點二公尺，每五、六個排成一排，立在村子外圍。窯內分成上下兩層，下層窯火日夜不熄，上層裝滿乳木果，連續烘烤幾天之後，果殼就變得很好剝。

剝好的果肉會放進大木臼裡搗碎。這些木臼外形跟搗小米的類似，但至少大上三倍。婦人和少女會一邊搗果肉一邊唱歌拍手，跟著揮杵的節奏跳舞，有如派對一般。完全搗碎的果肉看上去像黏稠的泥巴，會被一小坨一小坨移到扁平石磨上。這些石磨專為乳木果設計，外形近似霍皮人碾藍玉米的石磨，一邊傾斜，低的那一端接著一個插在土裡的葫蘆。婦人不是站著，而是跪著用小木桿將乳木果糊輾磨出油，這些搾出來有如好時巧克力漿的黏稠液體就會順著石磨流入葫蘆中。

葫蘆裝滿後，少女們就會在漿裡加水，用雙手和前臂拍打，發出啪答啪答的聲響。漿狀物拍打後會起泡膨脹，變成可可色。最後一個步驟是將淺棕色的乳木果糊煮沸數次，並去掉表面的深色浮渣。每煮沸除渣一次，果糊的顏色就會變淡一些，直到變成純白色的固體植物油，乳木果油才宣告完成。乳木果油是高飽和油，因此就算周圍溫度偏高也不會融化。它外觀有如科瑞白油（Crisco），經常揉成各樣尺寸的圓球，儲存起來供來年使用，或運到沒有乳

兩名年輕女孩拿木杵搗碎大木臼裡的乳木果。

油木的地區販售。乳木果油在馬利許多地區都是主要食用油，會加在醬裡和小米或米飯一起吃，此外它也被當作護膚乳液及藥膏，塗在燙傷或其他小傷口上有助復原。

村裡各處都有人在做乳木果油，進度有快有慢，有些還在剝果殼，有些正在唱歌搗果肉或加水揉果糊，有些已經下鍋熬煮了。「我現在終於明白這裡的青少女臂圍為什麼比青少年還粗了。」我對史蒂芬說：「你瞧她們的肌肉！」

「真的。」史蒂芬說：「這才叫作勞力密集。」

「媽咪，」米蘭達指著一群在芒果樹蔭下去果殼的老婦人說，「這裡的老婆婆為什麼胸部都那麼垂？」

「米蘭達！」我喝斥道：「妳怎麼可以這樣說！」

「可是妳看那個婆婆，她的胸部都垂到腰上了。」米蘭達不肯放棄。

「女人老了胸部都會下垂，」我回答說，「妳只是沒看過白人老媽媽光著上半身坐在樹下而已。」

非洲旅遊書裡不難讀到作者信誓旦旦表示，非洲女性乳房比現代西方女性鬆垂，因為她們懷孕和哺乳次數太多。當然，旅遊作家通常只在一個地方停留幾天，很少花時間了解自己筆下人群的真實生活，寧願想當然耳地解釋對方的行為。這就是為什麼旅遊書裡會說西非各地還在使用「古董」縫紉機的原因。這些腳踏式縫紉機跟我奶奶在堪薩斯牧場家裡用的縫紉

兩名女孩正在萃取乳木果油。左邊的女孩將果肉磨成綿稠的液體，右邊的女孩在磨好的「果糊」裡加水，用雙手和前臂拍打攪動。

多貢區一座農村合院的院子，前方有幾個小米臼，右後方可以看到一個烘烤乳木果的土窯。

機一模一樣，但它們不是古董，而是全新的，可能在中國或前蘇聯製造，出口到電力匱乏或供電不穩的第三世界國家。腳踏式縫紉機在馬利實用得很，電動縫紉機唯有在不缺電的地方才是進步。這有點像大學圖書館用電腦系統取代了卡片式目錄，結果就是只要停電或電腦當機，使用者就完全無法借還書。

我想普通觀察者會有這種結論無可厚非，認為非洲女人每個孩子都餵奶兩、三年，導致日後乳房不再堅挺。由於西方人過於拘謹，加上有一種古怪的執念，認為乳房主要是性對象，而非功能絕佳的哺乳器官，因此很少見到美國女人在公共場所哺乳，也讓許多西方觀察家對非洲鄉下女人一邊做事一邊哺乳的無所謂態度大感驚訝。這和他們自己所處的社會簡直天差地遠，就連提倡餵母奶的文章講到哺乳時，也覺得在自己臥房裡穿著純白寬睡衣餵奶是最好的。

非洲女性乳房鬆垂有一個更可能的解釋，這解釋其實很普通，就是長年舂搗小米和劈柴，卻從來不戴胸罩，加上用布將孩子綁在背後，胸部被布緊緊束著，所以才導致乳房鬆垂。綁小孩的布必須纏得很緊，否則嬰兒有可能掉出來。布巾向下壓迫胸部，結果就是導致乳房更加不敵地心引力。

幸好馬利男人壓根不在乎女人胸部下垂，嬰兒就更不用說了。分泌母乳的能力和乳房大小或堅挺與否完全無關，更何況馬利男人最感興趣的是女人的大腿……

觀察了乳木果油的製作過程後，我們繼續在村子裡走走看看，一邊遲疑又客氣地詢問哪裡能找到門鎖。班巴拉的傳統門鎖由木頭製成，構造精巧，能防止小屋遭竊，通常刻成人體形狀，外加一雙大耳（能聽見宵小的動靜），每個部落及地區都有自己的風格。伊斯蘭教傳入的地區由於教義禁止偶像崇拜，門鎖會刻成複雜的幾何圖形；比較現代的地區，美麗的木雕門鎖已經被功能相同但美感不足的金屬掛鎖取代。我們已經收藏了不少精緻的舊式門鎖，希望再添一個。之前那些門鎖都是向巴馬科一位藝術商買來的。

門鎖是相對便宜的藝術收藏品，因為通常幾乎沒有宗教價值，而且用壞了就會換，只要價錢公道，一般人都樂於脫手。由於舊門鎖不是進垃圾堆，就是（這更有可能）被扔到炊火裡燒掉，我們都覺得直接花錢買下還在用的門鎖應該不算罪過。沒想到恩騰科尼雖然偏僻又古老，卻幾乎沒剩幾個木製門鎖。不過，我們最後還是找到了一個。那東西不是特別老，雕工也不出色，但我們還是買下它作為這趟旅行的紀念。門鎖的主人拿它來鎖儲藏小屋，我們第一次出價他就答應了，顯然我們出太高。

我們講價的時候，一名老婦人在一旁不解地看著。之後她說她知道附近還有一個門鎖，如果我們肯出高價買破銅爛鐵，她可以帶我們去看。湯姆說他想看，於是我們全都跟著老婦人走回她家。老婦人家的合院非常寬敞，打掃得一塵不染，偌大的院子四周立著幾間圓屋，是睡覺和煮飯的地方。老婦人放下手裡的碗，蹣跚走到主廚房前，跨過門檻伸手到漆黑的屋

傳統的班巴拉門鎖。

裡將門拉起關上，只見門上鑲著一個年代久遠、精雕細琢的門鎖。

「不會吧！」我停下腳步對史蒂芬說。他緊緊抓著我的胳膊。

「怎麼了？」湯姆說：「我覺得很好看啊。」

「沒事，湯姆。」我說：「只不過，這是我們看過最美的門鎖了，比我們家收藏的所有門鎖都要出色。你看那雕工，還有兩邊的綠鏽，那些被幾千隻手摸得又光又滑的地方。你看，要抓住這裡，還有這裡，才能轉動鑰匙。」我一邊說著，一邊示範如何用彎折的金屬鑰匙開鎖和解鎖。

「呃，看來我是非買不可了。」湯姆說完便轉頭找穆薩來幫他講價。

我和史蒂芬退到合院角落，感嘆兩人運氣不好，只能眼睜睜將這麼好的門鎖拱手讓給一個不懂得欣賞它的美與價值的人。但我們什麼也不能做。我們問了，村子裡沒有第二個這麼漂亮的門鎖了。

11

一路是烏龜
Turtles All the Way Down

印度流傳一個故事，至少我聽人家這樣講，說有一位英國人聽說世界立在大象背上，大象又立在烏龜背上，就問（他可能是民族誌學者，因為民族誌學者都這樣）：那烏龜立在什麼背上？另一隻烏龜。那這隻烏龜又立在什麼之上？「哎呀，閣下，再來一路是烏龜。」

美國人類學家，克利弗德．紀爾茲

我們還沒玩夠，多貢之行就結束了。回到巴馬科，蓋瑞．凱西恩意外來訪，多年前就是他建議我們來馬利的。他在奈及利亞拉哥斯市替美國國際開發總署工作，到巴馬科來出差，聽說我們在這裡。我們在研究所時期認識的人類學者瑪麗．裘．艾諾迪也在巴馬科。瑪麗替史密森尼學會工作，精通班巴拉和博若戲劇。我們一夥人晚上在城裡碰面，到餐廳奢侈享用古斯米和燉羊肉。酒足飯飽之後，雖然已近午夜，蓋瑞堅持大家一起去相館（天曉得這麼晚了相館為什麼還開著？）拍照。我們像馬利人那樣擺好姿勢，直視相機，表情認真又嚴肅。

才一轉眼，史蒂芬就要離開，我也該重拾研究了。整個十一月，我都在馬諾布古繼續調查當地人的成長與發育狀況。為了增加十歲上下孩童的樣本數，我同意到學校裡多測量一些學生。穆薩和校長商量好了，我們可以拿到每班學生的姓名與出生日期。我們從一年級開始，班上共九十幾個八歲小孩，全擠在一間悶熱狹長的教室裡。所有人都要穿當地一位裁縫做的制服，都得自己帶桌子或和同學共用，還必須自備午餐或在路邊攤買，因為學校沒有餐廳。校門口對面路邊會有婦人賣炸麵糰，有些會包肉或蔬菜，還有婦人在賣紅椒醬炸豆沙丸、炸馬鈴薯和通心麵。午餐時間一到，孩子們就會在攤位前爭先恐後大呼小叫，想搶第一個買到東西吃；有些學生會回家匆匆扒幾口飯，當然還有許多孩子什麼也沒吃，就這樣捱一整天。

低年級通常兩、三個人共用一張桌子，但教室實在太擠，學生必須爬過其他同學的桌子才能到自己的座位。我和穆薩和希瑟只要一進教室，他們就會起立用法語齊聲喊道：「女士早！先生早！小姐早！」低年級的男學生和女學生數目相當，但年級愈高，男學生比例就愈高。因為學費很貴，很少有家長能送女孩上學，「反正」她們最後還不是為人妻為人母，有些父母親甚至連第二個兒子的學費都付不起。除了學費，家裡需要女孩協助家務和照顧小孩，是她們很少上學的另一個原因。在馬利鄉下或都市，男孩一直到十幾歲都過得頗為輕鬆，女孩則是一會走路就得開始幫忙家務，到市場賣東西。某些鄉下地方的男孩會放牛放羊，或到田裡工作，但在市郊的馬諾布古，一般家庭實在沒什麼事給男孩做，他們要是沒讀書，往往就是跟朋友廝混、玩耍，或拿彈弓射鳥和小動物。

我們找到了一個可以快速有效測量孩童的流程，效率最高的時候，兩分鐘內就能量完一個孩子。首先唱名，要小孩站到教室前面，脫鞋子上體重計，然後是身高計，再來量臂圍、頭圍和腕寬，計算乳牙和恆齒的數目，並將數據一一唸給希瑟記下來，最後放他們到操場上嘻嘻鬧鬧，談論我們或擠在門口和窗邊偷看我們。我們只花了幾週時間就測量了數百位孩童。全是實打實的資料！成排成列的數字記錄在紙上，沒有靠不住的詮釋，更沒有揣測或語言障礙。

班上孩童的個體差異大得難以想像。雖然規定八歲才准入學，但有些家長希望小孩能提前就讀。六、七歲的小孩只要長得夠高，說不定就能靠一張竄改過的出生證明或賄賂招生委員而矇混過關。要是只對馬利公立學校一年級的六歲和七歲孩童進行人體測量，肯定會覺得馬利孩童發育和營養都正常得很，因為只有個子最高的六歲和七歲小孩能裝作八歲學童到學校念書。

此外，有些學生是八歲時因為某些狀況沒有入學，後來才開始讀書的。他們之前沒有進過學校，因此會從一年級念起。要是學校用班巴拉語教學，他們或許還有機會從高一點的年級開始讀，但學校用的是法語。法語是馬利政府和國民教育的官方語言，因此學校可能永遠只會用法語教學。不過，目前有人在推動學校除了法語授課，也要教授馬利歷史與文學。總之，現下馬利孩童都得從一年級念起，就算十歲、十一歲的小孩也不例外。

因此，一個班裡主要是適齡的八歲孩童，再來是年紀較大的小孩，最後是幾個年齡較小的幼童。我測量的一年級學生便包括一位特別高的五歲小孩和幾位十歲孩童。身高和身形的差異在高年級更明顯，因為有些小孩青春期提前開始，成長速度驚人，有些則是由於個體基因差異或長期營養不良而成長遲緩。我們在六年級（基本上是十四歲）班上就量到幾個發育完全的十六歲少女，還有幾個又瘦又小、看上去只有十歲的十二歲小孩。大多時候，測量都是一件無聊的工作，沒有訪談那麼令人挫折，卻也沒那麼有意思。

晚上我會撰寫之後要交給「免於飢餓」的多頁調查報告，並準備我在馬利北部研究要用的訪談表。這項研究是美國教育發展學會和照護計畫合作的營養宣導計畫的一部分。有穆薩從旁協助，研擬訪談表一點也不難。我們先在馬諾布古進行測試，然後修改和定案。比較難的是影印訪談表，這讓我們跑了幾趟巴馬科，其中一趟尤其令人難忘。

班巴拉語諺語特多，就是一些任何場合都能用的俗話，通常含有寓意或道理。這些諺語和班巴拉其他東西一樣，通常只有放在馬利文化裡才能理解。某天，我和穆薩搭計程車卡在巴馬科市中心的車陣裡。除了仍然希望找到地方影印訪談表，我還打算替自己的北訪行程買一些東西，替留在巴馬科的湯姆、希瑟及米蘭達買菜和日用品。

我的御用小黃司機希迪奇一邊播著我送給他的賽門與葛芬柯專輯，一邊探頭到車窗外揮手咆哮，咒罵前面的車子擋路。錄音帶的刮痕讓歌聲雜音不斷。週五接近正午，街上擠滿了汽車、腳踏摩托車、單車與行人，全趕著去大清真寺禱告。正當我們寸步難行，一輛淺藍賓士忽然從旁邊鑽過去，開上了人行道。車門打開，一名中年男子走了出來。他穿著優雅華麗的刺繡布布（*boubou*，馬利男人的傳統長袍），打開後車廂抱出一頭非常大、非常憤怒的羊，四隻腳被綁得緊緊的。中年男子要一名青年將羊扛走，顯然是送去宰了。

行人聚聚散散，前進的速度比車潮還快。一旁一名男子頭上頂著一個倒過來的馬桶，優哉游哉穿梭在停住不動的車陣之間。另一旁一名少年朝我們走來，身上的T恤用英語寫著：我很窮，但很蠢。

「這裡還真多采多姿啊。」我對穆薩說，但他顯然沒心情享受我們的處境。計程車裡又熱又悶，而我們動彈不得。他朝司機厲聲說了幾句。

「嘖，我應該走另一頭的。」希迪奇說：「走這裡我們永遠到不了。」

「別到睡前才喊餓。」穆薩用班巴拉語回了一句，語氣很火大。

「你剛才說什麼？」我聽不懂這句班巴拉語，便開口問他。穆薩將話譯成英語，但我還是一頭霧水。「這句話是什麼意思？」我問。

「這是班巴拉諺語，意思是事前要有計畫，你早該想到才對。希迪奇很清楚今天是週五，而且接近中午，過橋之後就該左轉了，避開這團擁塞。」穆薩解釋道。

「但我還是不懂這跟睡覺前肚子餓有什麼關係。」我說。

「想在睡前吃東西，就必須先計畫好，因為煮小米或煮飯都要很久。不能等到最後一分鐘才說肚子餓，那就太遲了。這時最好閉上嘴巴，什麼都別說。」他回答道。

「哦，我現在懂你的意思了。」我說：「但這句諺語到美國就不適用了。」

「是嗎？為什麼？」

「呃，事前想好是很好的建議，事前沒計畫，事後就不該抱怨也沒有錯。我們在美國可能會說『別省小錢而花大錢』（Don't be pennywise but pound-foolish.）或『床鋪了就該睡』（You made your bed, now lie in it.），但喊餓就不會有人懂。」

「為什麼？」穆薩又問了一次。

「因為在美國，假如我睡覺前想吃東西，去翻冰箱就好。我可以吃藍鐘冰淇淋，也可以吃燕麥片，或是用微波爐熱剩菜，甚至打電話叫蘑菇臘腸披薩。我們有很多美味的東西可以瞬間搞定，不用先計畫好。」

「啊，沒錯……披薩，」穆薩臉上露出垂涎的表情，「我記得披薩，還有紐約市那些開到深夜的餐廳。」

「美國，宵夜天堂。」我一邊說笑，一邊伸手到車窗外從外頭將門打開，從車裡鑽出去。

「下車吧，穆薩。我們用走的還比較快。」這是希迪奇出的包，我們就把他留在那個悶熱的車廂。

我們在使館附近一家小錄影帶出租店找到一台能用的高科技影印機，跟老闆私下講了一個好價錢。影印機通常只有老闆能操作，所以我們又周旋了一會兒，他才信任我有能力操作他那台稀有昂貴、近乎神祕的機器。店裡員工一臉驚嘆望著我飛快影印訪談表、排好對齊，發現我顯然是高手，都嘖嘖稱奇。我甚至知道怎麼加紙！

採購完後，我讓穆薩提著東西搭計程車回去，我自己繼續留在巴馬科，因為我想去找一位朋友。蘇．漢默頓是紐約羅徹斯特市來的護士，因為姊妹市計畫而暫住在此，替巴馬科的健康中心員工進行訓練。我們成為莫逆，有一陣子我每週五下午都會去她住的新教宣教會（租金便宜、房間乾淨，而且「不准玩牌」）和她一起烤餅乾。宣教會的客房廚房有一台烤箱，是我魂牽夢縈的現代發明。我們會坐在公共休息室裡吃著烤好的花生醬餅乾，一邊閒聊工作，感嘆要突破馬利衛生部的官僚迷宮做事有多困難。我們倆氣味相投，每週五的烤餅乾加發牢騷也讓史蒂芬離開後的時光變得稍可忍受。

啟程往北之前，我特地去了一趟馬諾布古，造訪六歲的女孩艾米。打從我第一眼見到這個小淘氣，就被她的開朗給擄獲了。艾米是多貢人，她家的雙拼合院就在穆薩家附近，母親和大姊是我多年前那次研究的調查對象。我一直為艾米的母親感到難過。她遭遇之悲慘，就算以馬利女性的標準也是令人鼻酸。她想盡辦法讓孩子身體健康、有東西吃，結果卻是事與願違。她的長女個子高，個性認真，是我博士論文研究的對象，也是家裡長得比較好的孩子。她的第二胎是男孩，有嚴重的出生缺陷，不僅（據病歷記載）「生殖器畸形」，還沒有手臂。她一直以他為恥，覺得一定是自己做錯了什麼才讓他有這些毛病。他們很少帶他出門，但很愛他和照顧他。一九八九年我重回舊地，他們告訴我那大女兒死於瘧疾，二兒子死於痲疹，兩人都是幾年前離開的。

艾米是第三個孩子，老四是女孩，一歲左右，有水腦症。水腦症是腦脊髓液無法正常排出腦部，導致顱內壓增加，頭骨異常成長的疾病，未及時治療將造成智能障礙，甚至夭折。我還記得當時艾米的母親一轉身，我看見她揹著的小孩，心裡立刻倒抽一口氣。那女孩的頭顱是正常孩子的三、四倍大，完全無法自己抬頭。在美國，外科手術通常能使用引流裝置將腦脊髓液引到腹腔，順利降低顱內壓，但在馬利沒有這種治療。

從某方面看，艾米可以說是彌補了她母親心裡的缺憾。她無憂無慮、精力充沛、活潑漂亮又充滿勇氣，一點也不怕土巴布。她每回聽到我的聲音，總會跑到合院門口，大搖大擺走出門外和我握手，用法語問我：「妳好嗎，土巴布？妳好嗎？」我現在依然能聽見她那揶揄的語氣，看見她微微側頭問我帶了什麼禮物給她，雙手伸進我口袋、檢查我袋子的模樣。艾米有回告訴我，我應該給她錢去市場買通心麵。我欣然從命，從此不忘隨身帶點零錢，好讓我見到她時，能給她「通心麵錢」。而她總是會以誇張有禮的口吻用法語說：「哦，謝謝妳！真是太感謝了，土巴布。」

我常常在造訪胖女士和達烏鞋之後刻意繞到艾米家，振奮自己的心情。艾米是化解我沮喪的良方。我常逗她說要帶她離開母親和我一起住，她就會說等她收行李馬上好。我說晚上睡覺她會哭，她說放心絕不會。「妳等著瞧，我會為妳睡著，睡一整夜，不哭就是不哭！妳可以把我帶走，不用再回來！」

艾米是多麼有生命力啊！她那生氣勃勃的魅力證明了一件事，再惡劣的環境也遮掩、遏止不了人性的光芒。小小女孩滿臉笑容，揮舞雙手，散發著無比熱情、善意與無畏的勇氣。這是我對艾米的最後印象，我將永遠這樣記得她。

12

跳舞骷髏

Dancing Skeletons

夜裡有那麼一瞬間，我們瞥見自己和這個世界有如小島，棲息在星河之中，宛如一群生命有限的朝聖者，從地平線此端航向彼端，穿越永恆的汪洋時空。

美國作家暨博物學家，亨利・貝斯頓

我們喀啦喀啦走下不穩的台階，繞過房子轉角，一到別人聽不見我們說話的地方就轉頭看著對方，異口同聲說：「妳有看到他的手臂嗎？」

「他的上臂好短！連短袖襯衫的袖口都蓋過了手肘。」克勞蒂亞說。

「他交叉雙臂的時候，只碰得到下巴！」我接口說：「這是怎麼搞的？」

「我不曉得。」她答道：「會不會是少見的遺傳綜合症？因為他其他地方看起來都好。」

我在港城塞古，和我一起的是克勞蒂亞・帕爾凡塔。她是營養人類學者，替教育發展學會工作。我們正要前往馬利北部的馬西納省，教育發展學會在當地出資推動維生素A缺乏症改善計畫，我和她是該計畫的民族誌顧問。這個計畫的資源補給由照護計畫負責，他們在馬西納省行政區對岸的鄉村地區推行大規模健康計畫。我們在塞古上貨，儲備了新鮮蔬果、咖啡、奶粉、肉類和衛生紙，並且剛去造訪了聯合國兒童基金會營養計畫分處。

「妳知道只有體質人類學者會注意到這種事吧？」克勞蒂亞說。

「我知道，我們用奇怪的眼鏡看世界。」我這麼一說，克勞蒂亞就笑了。

體質人類學者（至少我們這群研究現有人種差異的傢伙）看待世界的角度跟普通百姓完全不同，甚至跟其他人類學者也不一樣。我們會本能留意一個人的身體表徵，不只包括社會告訴我們很重要的那些外表特徵，例如膚色、臉型和身高體重比等等，還包括許多非體質人類學者可能不會留意的更細微的差異，像是這個男人的腿長不合比例，那個女人的五官完全對稱，這人額頭上斜像直立人，那人眉峰宛如尼安德塔人，這名學生耳朵又圓又小，和膚色一樣（甚至比膚色更明顯）透露了他的西非出身，那位學生的臉像是阿茲特克人。

這種「眼力」是祝福也是詛咒。工作上，這代表我只要略看一眼，就知道某個小孩的營養狀況。在馬利北部，當村裡的小孩跑出來圍在照護計畫的卡車四周，我掃視一圈就能大概明白全村營養不良有多嚴重。我不用量尺或人體計測器，就能看出哪個小孩有虛弱、紅孩症或甲狀腺腫。但壞處是我沒有辦法關掉它，不被那人的體質狀況所干擾，只看到一般人眼中看到的模樣。最極端的一個例子，就發生在我要結束馬西納的研究之前。

撒哈拉沙漠吹來的乾燥熱風，讓空氣裡沙塵瀰漫。太陽有如朦朧的金球，從東方地平線冉冉升起。村子外圍已經架好數頂巨大的帳篷，帳篷排成ㄇ字形，各機構的代表坐在其中一頂裡頭，包括照護計畫的行政人員、地區醫療主管、健康中心員工、照護計畫的組長、村裡耆老和兩名人類學者。三角旗在微風中飄揚。數百位村民擠在其他帳篷底下，穿著華麗的婦人與小孩溢出帳外，有如斑斕的色塊襯著一片沙黃的鄉間、圍牆與天空。一群人排成一列，站在往東到村外的路上。遠方的黃褐色平原上揚起一道沙塵，宣告了另一輛照護計畫卡車載著其他村子的人來到這裡。群眾裡爆出一聲呼喊，聲音在空中迴盪。婦人們在原地跳舞，男人朝另一輛駛近的荒原路華揮手。車子短暫停留讓乘客下車，隨即再次出發，去載更多人來。

這天是照護計畫舉辦的「結業」典禮，慶祝他們輔導的幾個村子進入自給狀態。照護計畫在馬西納周邊鄉村推動環境衛生及疾病防治，第一步是在村裡築井以供應衛生的飲用水。靠著當地人配合並出錢出力，照護計畫人員在村裡修築有頂蓋的混凝土井，並用混凝土牆圍著，防止山羊進入。先有安全乾淨的飲用水，才能改善村民健康，這是照護計畫的核心信念。村裡一旦有井，就能在乾季種菜，補充村民飲食之不足，不用只吃小米配乾猴麵包樹葉子醬。

飲水是照護計畫在當地推動計畫的基礎，但他們也替孕婦注射破傷風疫苗（只要孕婦免疫，新生兒也會免疫），替小孩做常見兒童疾病的預防接種。其他計畫還包括村內的環境衛生（保持街道和公共場所沒有羊糞、菜渣或其他會招來蒼蠅的垃圾）、居家衛生（保持合院整潔）、生產衛生（在蓆子而非地上接生、使用新剃刀而非手邊利物割臍帶、臍帶殘端抹酒精而非牛糞），以及使用自製的口服電解水治療兒童腹瀉。

照護計畫會指派一名組長到每個村子，由她協助成立健康委員會，成員為村裡有影響力的男性和女性，好讓他們在照護計畫離開之後繼續推動衛生教育及社區行動方案。照護計畫駐村一年以後，就會召回組長讓村民「斷奶」，不再提供鼓勵和技術建議。接下來，組長會從每兩週回村一次變成每個月一次，再變成每三個月一次。最後，照護計畫會宣布村子正式「獨立」，指派組長進駐下一個「處女村」從頭開始。

最近有幾個村子剛宣布獨立，這天照護計畫替其中一個村子舉行慶祝儀式，活動包括代表致詞、音樂、脫口秀、面具舞、宴會及參訪。所有人都抱著過節的心情互相慶賀，對未來充滿樂觀。

我和克勞蒂亞放下手邊的維生素A缺乏症研究趕來參加慶祝會，跟照護計畫的幾位組長坐在前排。一名小女孩爬到我腿上，手指抓著我棕色的直髮，睜著聰明的大眼睛一臉驚奇看著我的臉。二十多個小孩聚集到大人物的座位前，身上穿著最好的節慶服裝，臉洗得乾乾淨

人類學家克勞蒂亞・帕爾凡塔和照護計畫人員在基恩欣賞照護計畫獨立慶祝會。

淨，女孩們辮子一綹綹紮得整齊漂亮，滿臉期盼等待著。接著空地一邊出現三名鼓者，排成一排開始打鼓。他們雙手飛舞，閉目抬頭，每一個似乎都不理會其他兩人。鼓聲起初凌亂紛雜，隨即變成繁複活潑的節奏，那群孩子開始跳舞。

我看著孩子們跳舞，心裡突然浮現一股前所未有的詭異感。我頓時寒毛直豎，兩隻手臂爬滿雞皮疙瘩。「這幅景象有什麼問題？」接著我恍然大悟：這些縱情跳舞、笑容可掬的孩子看上去就像跳舞的骷髏，簡直是聖桑《骷髏之舞》的翻版，又像雷．哈利豪森《傑森王子戰群妖》那部電影裡的骷髏戰士，只不過這些是在跳舞，而非打仗。他們像身體著火似地揮手跳腳，膝蓋和手肘在枯瘦的四肢上有如樹瘤般突兀。男孩們裸裎上身，我可以清楚數出他們身上每一根肋骨，前胸看見鎖骨和胸骨，後背看見肩胛骨和脊椎，就連臉孔都有如鬼魅，顴骨頂著乾薄的臉皮，顱骨和下顎骨輪廓清晰可見。只有一雙眼睛閃閃發亮，身體不停舞著、跳著，彷彿有用不完的精力。

我儘量看下去，但只撐了幾分鐘。我扳開小女孩抓著我頭髮的手，將她放到地上，接著起身離開。眼前的景象讓我不忍再看。一群跳舞的骷髏。

我逃了，帶著憤怒與恐懼倉皇離座，推開一身亮麗藍布布的政府高官和照護計畫人員落荒而逃，途中撞倒了幾張椅子。我看見照護計畫人員一臉困惑與惱怒。滾燙的淚水滑落我的臉頰，讓我對克勞蒂亞的詢問置之不理。一出帳篷，我就大步繞著村子邊往西走。我沿著外牆前進，直到轉個彎再也看不到帳篷。我不停走著，經過一群正在井邊洗澡和洗衣服的婦人，嚇了她們一跳。接著又遇見幾個放羊的少年，我用班巴拉語喃喃問候幾句，就繼續往前。

最後我來到村子的另一頭。怒氣消了，我深呼吸幾口，讓自己恢復鎮定，接著在一棵樹下坐了下來。我應該在那裡坐了二十分鐘左右，試著將那些孩子從我心裡抹去。我努力盯著半遠不遠的一叢芒果樹。不久，天生的好奇心戰勝了我。我想跟住在這裡的人聊聊，於是便起身從高牆邊的一道狹窄的開口鑽回村子後面。

起先我失望了，因為幾乎沒有人在家，絕大多數村民都去參加慶祝會了。但在近乎空蕩的村子裡漫步給了我一個前所未有的機會，得以檢視和思考村民的「底」，一窺他們文化的物質層面。於是我研究村子的格局、看似無序的蜿蜒小巷，和幾乎每座合院都有的圍牆。我留意每座合院寢房和廚房的位置安排，觀察活動空間劃分、區隔、裝飾與界定的方式。

我在腦海中想像幾百年後，村子已然荒蕪，考古學家會在這裡發現什麼。不多。泥磚屋和圍牆會瓦解，因為風吹雨打而粉碎。茅草屋頂會崩塌腐爛，桶子和皮製品也一樣。木凳、玩偶和面具會消失，葫蘆會分解，那些用大樹幹粗削而成的小米臼或許會留存下來，還有一些進口鐵器和湯匙之類的、中國琺瑯臉盆、用來裝飲用水的大陶甕的破片、炊火的灰燼、零星的魚骨、羊骨和花粉，遠遠不足以重建這裡曾有的熱鬧豐富的生活——沒有跳舞敬拜**奇瓦拉**（*chi wara*）的面具（奇瓦拉是羚羊人，教班巴拉人如何耕種）、木偶、獅子裝、遮陽的織蓆和庇佑嬰兒的護身符，也沒有什麼可以訴說這裡曾有過的笑聲、希望、夢想、友誼、失望、悲痛，和日夜四季的遞嬗。

我漫無目的走了一個多小時，偶爾停下來跟少數留在合院裡的村民聊天，全是帶著嬰兒的母親。有些婦人起先愣住了，看見一名白人女性靜悄悄出現在門口，但所有人最後都熱情迎接我，讓我坐下來抱她們的寶寶。我跟她們聊我的孩子，她們給我午餐，當然是小米飩配猴麵包樹乾葉子醬，還給我乾淨的涼水喝。

太陽西斜，但仍是天空中一個熾熱的光點，我回到停在樹叢裡的路華車旁，等照護計畫的人出現。之後，我們在鄉間左彎右拐，沿途放下鄰村的村長，克勞蒂亞終於打破冗長而尷尬的沉默。

「有人說了什麼話讓妳不高興嗎？」她問我。

「沒有。」我說：「是那些孩子，我無法忍受看他們跳舞。」

「為什麼？那些孩子跳舞怎麼了嗎？」她無法理解。

「妳有看他們嗎？我是說真的看？他們的手腳跟竹竿一樣！我真想衝上前去，叫他們統統坐下保留體力，把力氣拿來長大和對抗疾病。他們這麼營養不良，怎麼還能跳舞？」我也無法理解。

照護計畫一名行政人員憤怒插嘴道：「妳是說我們在這些村子裡什麼都沒做到嗎？」接

著又說：「我們輔導的這些村子比之前衛生多了，也比沒有參與計畫的村子乾淨整齊，嬰兒死亡率是全國最低，預防接種率是全國最高。」

「我不是這個意思。你們目前做得好極了，就你們執行的部分來說。但對孩童和村子而言，少了大力改善營養條件，長期下來又有什麼差別？」我問他。

「這話是什麼意思？」他語帶防備。

「嗯，這樣說吧，」我解釋道，「這裡的新生兒以前常死於破傷風，對吧？通常在他們幾個月大的時候。有些新生兒就算活下來了，一、兩歲時卻死於麻疹或痢疾。許多孩童因為喝了受到汙染的水，加上沒有人知道口服電解水是什麼，所以就夭折了。現在這裡的孩子不會死於破傷風或麻疹了，因為有預防接種，也不會死於痢疾，因為有井和口服電解水計畫。可是到了三、四歲或五、六歲，他們卻會死於揮之不去的營養不良。這樣做真的能叫改善嗎？好處在哪裡？你們確實讓更多幼童活下來了，但那個村子裡兒童的營養狀況是我見過最差的！他們最後都會死於營養不良，就算活下來也會終身飽受其害，生理心理都是。他們看上去就像跳舞的骷髏，讓我噁心到想吐。對不起，但事實就是如此。」

「我不覺得他們有這麼糟。」那人反駁道，同時轉頭尋求克勞蒂亞支持。「我看不出他們有哪裡不尋常。」

「那是因為你沒有從體質人類學者的角度看。」我說。

「他們看起來確實很糟，」克勞蒂亞承認，「比我們見過的許多例子都嚴重。這就是為什麼你們需要我們的營養教育計畫！」她樂觀補上一句。

「妳是說我們應該努力改善營養條件，而不是做預防接種之類的事？然後讓那些營養良好的小孩死於痲疹？」他反將一軍。

「欸，妙就妙在這裡！」我得意喊道：「營養良好的小孩不會死於痲疹！他們還是會感染病毒，但只會輕微病個幾天，不是幾個月，而且不會死。就像飲食不缺維生素A的孩童不會那麼常死於呼吸道感染或痢疾一樣。」

「別誤會了，」我接著說，「我不是說你們應該放棄已經在做的這些事，只是說你們做的還不夠。要是你們將所有資源都只用在讓小孩活著，而不是透過更大規模的耕種方案和營養教育計畫來維持他們的長期健康，那你們是在浪費所有人的時間、金錢與力量。」

「呃，我們不是跟這個維生素A計畫合作了嗎？」他問道。

「沒錯，但維生素A缺乏不是唯一的問題。」我說：「這裡的人能吃的東西很少，每天每天都是小米配猴麵包樹乾葉子醬，幾乎沒有變化，也沒多少東西給幼兒吃。就算他們在照護計畫菜園裡種紅蘿蔔，吃的也只有大人。他們認為嬰兒不能吃，因為沒牙齒。你們築了井，說服村民種菜，還引進紅蘿蔔作為維生素A的來源。你們要求的改變，村民都照辦了，而且他們愛死紅蘿蔔了！但從來沒有半個人想到告訴他們，紅蘿蔔可以加到醬裡，或直接煮熟搗

高大的青草和綠樹顯示馬利南部多貢區的村子環境相對優渥。

碎給幼兒吃。我們是透過訪談才發現了這一點。不論我們想談什麼別的主題，人們不到五分鐘就會開始談論乾旱和水壩，還有這裡以前樹林有多茂盛，吃的東西有多豐足。到博若人的村子，他們就只想談湖水乾了，魚沒了。一名婦人說她的四歲兒子在馬西納市一個很大的週間市場看到一條魚，竟然問她那是不是老鼠，害她哭了出來，心裡難過兒子竟然不曉得魚長什麼樣，怎麼成為真正的博若人？而博若人死也不想當農夫種小米。他們不擅此道，而且打從心底瞧不起。這地方根本就是一團糟。」

「那妳有什麼建議？」那人問。

「唉，我不知道。」我嘆了口氣，轉頭向著車窗。「把所有人空投到美國的奧克拉荷馬州怎麼樣？」

遠方不時出現三三兩兩的村民，坐在他們自己弄的泥土和瓦礫堆上，有如平原上的一座座小島。每個村子都有清真寺，用泥磚砌成，樸素卻又尊貴，牆垛讓人想到中世紀的城堡。我們駛過的這片荒蕪鄉間，過去曾是還算茂盛的疏林高草原，後來樹木因為缺水而枯死，只是殘幹還留著。一九七四到七五年和一九八四到八五年的兩次旱災重創了這個地區，上游興建水壩以便供應電力到首都，也讓河水不再決堤。但少了每年氾濫的河水滋潤，大多數的樹都乾死了。放眼望去，這裡的森林全是枯樹，見不到一絲生氣，感覺非常詭異，彷彿有人發明了某種只會殺死樹木的中子彈，轟炸了這片地方似的。遍地枯土。我們經過一棵被閃電劈

馬利北部相對乾旱不毛。村子裡豔陽高照，相片中央幾株幼樹用樹籬圍著，防的是神出鬼沒的山羊。

碎了的大樹，空洞的樹心裸裎著。幾千座白蟻墩布滿沙地，有如迷你的傘菌森林，又像哈比人村。枯木讓白蟻恣意繁衍。

這裡只有巨大的猴麵包樹存活下來，有如沉默的哨兵保衛村民和這片土地。傳統的班巴拉宗教算是泛靈信仰，認為自然事物都有靈魂，從樹木、動物，到泉水、河流和山頂，都有魂靈寄居其中。我跟這裡的人一樣，很快就相信高大古老的猴麵包樹靈力高強。車子經過時，我朝它們點頭致意。

我在馬西納周邊鄉村所做的短暫研究，只是再次證實了我已經知道的事。馬利和非洲絕大多數國家一樣，是多種環境與族群的大雜燴，被十九世紀末葉的歐洲殖民者任意湊在一起成為國家。這裡的人說的語言有上百種，文化適應各色各樣，不同地區面對的問題截然不同，怎麼可能想出一個適用全國的營養計畫？就算可以，有意義嗎？不曾跟這些人一起生活數年，體驗他們的生活，學會用他們的眼睛看世界，怎麼可能了解他們的問題？

我們在馬西納做的旋風式維生素A缺乏症研究真有意義嗎？我們發現夜盲症（維生素A缺乏症的首要徵兆）主要出現在孕婦而非幼童身上，完全符合事前的預測。事實上，罹患夜盲症的孕婦實在太普遍，她們甚至認為這是懷孕的自然現象。我們跟她們解釋這是營養問題，只要多吃某些食物就能預防與治癒，她們都很感興趣，也說有機會的話會試試看，但她們接著一定會問：「那妳建議吃什麼可以避免孕吐？」對這個順利成章的問題，我們卻答不出來。

此外，我們還發現這裡治療夜盲症的傳統方法是吃烤羊肝。肝當然是絕佳的維生素A來源，但村民無從得知這一點，至少不是以西方科學方法得知的。那麼，這個非常有效的傳統療法是怎麼來的？而我們又該如何理解環繞於「吃肝臟能治夜盲」的種種信念？例如羊肝必須先扔進暗室，讓病人趴在地上四處尋找，找到了才能吃，找不到就不能吃？

最後，我們發現當地市場買得到維生素A膠囊（前提是你知道怎麼問），許多人也知道它能治療夜盲症。既然買得到膠囊，在這個貧瘠不毛之地推行種植和食用富含維生素A的作物還有意義嗎？

我們在短短時間內做到了許多，但我也明白自己不可能像認識馬諾布古那樣，花上兩年半的人生歲月去認識馬西納。我可能再也不會去那裡，但在我心裡，骷髏之舞還在繼續。

13

母親之愛與兒童之死
Mother Love and Child Death

根據這七十二名婦女報告，她們共懷孕了驚人的六百八十六次，並有兩百五十一名（零到五歲）孩童死亡。統計看來，平均每名婦女懷孕九點五次，流產、墮胎或死胎一點四次，並有三點五個兒女死亡，四點五個孩子存活。在艾爾托，新生兒夭折會由小孩子送葬，讓他們學會接受埋葬手足與玩伴是自然平常的事，而未來或許也得親手埋葬自己的子女與孫子女。

美國人類學家，南希．舍柏－休斯

我坐在醫院窄床邊的硬木椅上，握著女兒的手，望著她胸口緩緩起伏。點滴管有如小蛇蜿蜒而下，鑽進她的臂彎。雖然食鹽水和鹽酸間苯二酚奎寧沉穩滴落，卻沒有帶來多少撫慰。米蘭達動也不動躺在潔淨的白被單下，額頭滲出的汗水不時凝結成斗大的汗珠流入髮間。「神哪，求求祢，別讓她死。」我反覆呢喃道：「神哪，求求祢，別讓她死。」

即便我不斷為了女兒的性命求情講價，心裡還是清楚意識到自己的要求有多諷刺。在馬利這個幾乎所有女人都失去過幾個早夭孩子的國家，我竟然祈求上帝讓我連一個孩子都不要失去。「神哪，讓我成為例外吧。別忘了我是美國人，不習慣失去自己的孩子。」當痛苦與死亡就在四周，在美國使館的石灰牆外隨處可見，我怎麼能求神法外開恩？在種種苦難面前，神為何要垂聽我的祈求？我怎麼敢比自己研究的那些女人對神要求更多？「我知道這樣求不公平，但我還是求祢。神哪，求求祢，別讓米蘭達死掉。」

事情開始於十一月一個週日下午，米蘭達去參加池邊派對，被在美國使館工作的琳達送回來。琳達時常招待家長是使館或國際開發總署雇員的美國小孩到家裡玩。她跟我說其他小孩都在游泳、吃蛋糕和冰淇淋，米蘭達卻在室內躺了一下午，不停昏睡還發高燒。由於實在擔心米蘭達這副模樣，琳達在送她回家之前特地繞去使館，要使館醫師替她抽血檢查是否得了瘧疾。醫師讓米蘭達帶了一些紅黴素和泰諾回來，說有可能只是病毒感染。

米蘭達睡了一整晚，隔天起床之後似乎好些了。她吃了一顆蛋當早餐，中午說她想吃乳酪通心麵。週二早上，旁邊美國學校的警衛過來告訴我，醫師發了無線電報，說米蘭達得了瘧疾。我和她一直乖乖服用氯喹和氯胍，照理應該能對付各種「一般的」瘧原蟲，以及在氯喹重度使用地區演化出來的抗氯喹品系。

湯姆開車送我們到使館，醫師又替米蘭達抽血，並給她三大顆凡西達要她吃下去。對磺胺類藥物過敏的人，服用凡西達可能致命，但當時別無他法。只是藥太大，米蘭達吞不下去，醫師便吩咐我讓她密集服用我們原本為了預防瘧疾就有吃的氯喹。我搭計程車帶女兒回家，接下來這一天就看她體溫不斷上升，從攝氏卅九、卅九點五、四十到四十點五度。她睡睡醒醒，身體因為瘧疾忽冷忽熱而痛苦難熬，再加上頭痛、嘔吐及腹瀉。這三個症狀同樣是瘧疾的典型徵兆，只是比較少為人知。

我將女兒放進浴缸，但她身體實在太熱，結果非但沒讓體溫降低，反而讓水變溫了。我加了冰塊到水裡，但我家那台迷你波蘭冰箱裡的寒酸庫存一下就用完了。她因作嘔而顫抖，我摁著她的頭穩住她。我眼睜睜看著她愈來愈瘦，高燒侵蝕她的身體，融去她的體重，兩隻前臂變得稜角分明，消瘦的臉龐讓眼睛顯得更大。

我讓她吃了三顆氯喹，幾小時後再吃三顆。我試著讓她喝水，可是她立刻吐了出來。我們等著氯喹生效。週二晚上，她睡在湯姆房間的地板上，因為房裡有冷氣。我坐在她身旁，用濕布揩拭她的臉。週三早上，我一直叫不醒她，顯然氯喹沒有發生作用。湯姆又將我們送回使館。

前一天的驗血結果出爐，瘧疾指數沒有下降。醫師又抽了一次血，接著在米蘭達臀部打了一針氯喹。「先這樣試試，」他提議道，「帶她回家，讓她保持涼爽。」

我們在席拉馬納村進行人體測量時，米蘭達自己去找侏儒山羊的寶寶玩。

週四早上，米蘭達依然毫無起色，並且開始嚴重脫水，我只好再帶她去找醫師。但湯姆出差去了，我們只好從家裡走到大路。米蘭達不時絆倒，走著走著就想坐下來，但我勉強她繼續走。我們想辦法搭上巴謝，過了橋，但從下車站抱著她走到大使館還有好幾公里，而且必須穿過巴馬科市中心嘈雜擁擠、滿是垃圾的街道。

我吃力地朝使館前進，小心著別摔了她。不少路人大聲揶揄：「妳不應該抱著那孩子走路！她已經是大女孩了，讓她自己走！」

「阿曼基尼，蘇邁亞巴拉。（*A man kene. Sumaiya b'a la.*）」我向他們解釋：「她生病了，是瘧疾。」揶揄沒了，變成了喃喃不停的伊斯蘭教禱詞。

「她的血液裡還是一堆瘧原蟲！」醫師表示：「我從來沒遇過這種情形。現在只剩鹽酸間苯二酚奎寧這條路了。反正我們本來就需要靜脈注射替她補水，不如將鹽酸間苯二酚奎寧加到點滴裡，直接注入血管。要是這樣還不能將那些小蟲子趕走，那就沒辦法了。這是她僅剩的機會。」

說得婉轉一點，我對醫師的信心不是很足。他剛來馬利，本業是婦科醫師，而米蘭達是他治療的第一位瘧疾患者。但我沒有其他選擇，除非將米蘭達醫療後送到法國。我希望不要走到這一步。

漫長炙熱的午後，凱伊和米奇的幽魂在房裡遊蕩。我想著自己在馬西納鄉下訪談過的那些女人。訪談是維生素A缺乏症研究的一部分，我詢問當地較年長的母親，請教她們的懷孕生產史、生了幾個小孩、死了幾個、幾歲夭折的和死亡原因。那些婦人經歷的失落之大、痛苦之深，讓我一次又一次震驚得無以復加。

我在圖亞拉村訪談了莎菲亞圖・冬貝雷。她生了十個孩子，有三個死了。

「我想問一些關於妳小孩的事。」我對這位中年婦人說。

「好。」她說。

我們坐在一個寬敞房間的牆邊，房裡擺著六個小米臼。一早上，婦人們來來去去，將這天要吃的小米搗成粉，一邊互相幫忙，一邊和鄰居閒聊享受社交生活。每一個小米臼都圍著幾名婦人，以複雜的節奏舂搗小米。木杵打在小米上，小小種子就會飛到石臼邊，但幾乎不會飛出去。過程中，不時會有婦人將木杵往上扔，拍手之後再將它接住，完全不會落了拍子。房裡笑聲、興奮的交談聲不斷，在高高的屋頂下迴盪。茅草屋頂由立在大石塊上的分岔樹幹支撐。

小孩們抱著母親的腿偷偷瞄我，臉上掛著調皮的笑容。許多婦人用鮮豔的布巾將嬰兒綁在背上，搗米的節奏熟悉有力，讓嬰兒們睡得香甜，小腦袋跟著前點後仰。村裡的小路有如蜘蛛網，房間就在這張網上，前後各有一個出入口，許多要到村子另一邊的村民會從這裡經過。無數次的踩踏將房裡兩個出入口之間的泥土地踩出一條溝，溝裡布滿小米粉，比兩旁低了二十公分。我坐在矮木凳上挪了挪位置，繼續問那名婦人她的懷孕生產史。

「妳懷孕過幾次？」我問她。婦人低頭看了看趴在她腿上扭動的小娃兒。「這是我第十個孩子。」她輕聲回答，一邊溫柔拍打小孩光溜溜的屁股，手指撫摸他脖子上掛的護身符。「他叫歐馬魯。」

「我們從老大開始。我想知道妳每一個孩子的性別與年齡。如果其中哪個孩子已經死了，我要妳告訴我當時他或她多大年紀，還有妳覺得原因是什麼。如果妳不想回答這些問題，或想結束訪談，隨時跟我說。」

婦人點點頭，望著遠方開始娓娓道來。她死了三個孩子。第一個是女兒，死的時候兩歲。

「她是怎麼死的？」我馬上問道。

「我不曉得。」她回答。

「呃，我是說，她是死於意外嗎？比如摔倒撞到頭？還是生病死的？死前有什麼症狀？腹瀉？發燒？」我試著用問題找答案。

「我不曉得。」婦人又說了一次。「她死的時候不在這裡。他們只跟我說她死了，沒告訴我為什麼？」

「誰跟妳說她死了？那時她在哪裡？」我有點聽糊塗了。

「我懷第二胎的時候，我先生將她送去傑內跟爺爺奶奶住。她那時才兩歲，奶奶想留下她作伴。」婦人解釋道：「隔年他們就託人跟我說她死了。我的第二個孩子是男生，生下來四小時就死了。」

「好吧。」我嘆口氣說：「那妳知道他是怎麼死的嗎？」

「嗯，他發高燒，還有抽搐，而且背拱起來，兩手握拳。看到他這樣子，你就曉得他活不久了。」

「聽起來像是新生兒破傷風。」我朝穆薩喃喃說道。這裡的新生兒剛剪完臍帶，傳統做法就是抹牛糞。照護計畫推動的新生兒衛生計畫很了不起，成功去除了這項傳統。

「所以妳的長女和長子都死了，還有一個孩子也沒活下來？」我接著又問。

「對，我的老三和老四還活著，但第五個孩子是女孩，她三歲時死了。」婦人回答。

「那妳知道這個女兒是怎麼死的嗎？」我問她。

「嗯，她舌頭和嘴裡長了白白的東西，而且痛喉嚨。我們叫這種病是**昆格洛奇**（*kungolochi*）。」婦人說。

我本來振筆疾書，聽到這裡忽然抬起頭來。「穆薩，」我訪談了一個小時，頭一回需要他替我翻譯，「她剛才說什麼？我之前聽人說昆格洛奇（直譯是砍頭）是指嚴重脫水導致的囟門凹陷，但三歲小孩不應該囟門還沒閉合。還有，她說『痛喉嚨』是什麼意思？」

穆薩請婦人解釋，聽她飛快說了幾句班巴拉語，接著轉頭翻譯給我聽。

「他們這裡有一種病就叫『痛喉嚨』，有些人說它跟昆格洛奇是一樣的。得這種病的嬰兒幾乎必死無疑。痛喉嚨會扯動囟門，造成囟門凹陷，嬰兒不吃不喝，並且腹瀉，最後死亡。」穆薩說。

「這種病能治療嗎？」我問。

婦人一臉無奈望著我說：「你可以去找巫醫。她會去河邊撿蚌殼，放進小臼裡搗碎，變成小米粉那樣，接著舔濕手指沾一點蚌殼粉，將手指伸進喉嚨把粉末抹在痛的部位。這樣做有時會讓病情好轉，尤其嬰兒嘔吐的話，但對我女兒沒用。她變得愈來愈嚴重，最後完全無法呼吸，第四天就死了。我們可以不停找藥，但既然小孩的死期是真主定的，我們其實無能為力。這個病害死過許多小孩。」她聲音一啞，伸手摀臉沉默了一會兒。

我有點不確定。「現在沒有小孩死於這種病了嗎？」

「嗯，它似乎消失了。」婦人答道。

我轉頭看著穆薩，邊想邊說道：「我想我知道那是什麼病了。她講的應該是白喉，這種病由病毒引起，會導致咽喉背面長出薄膜，讓嬰兒無法呼吸。傳統療法或許能撐一段時間，在薄膜完全蓋過咽喉前將它弄破。這種病很可怕。」

「這種病我聽過，百白破疫苗裡的白就是指它。」穆薩說。

「沒錯，這就是為什麼這種病現在很少見的原因。照護計畫裡的健康計畫有個預防方案就包括白喉預防接種。妳其他小孩呢？」我又問那名婦人。

婦人腿上的小男孩已經安靜下來。她將他抱起來摟在懷裡，小男孩抓著她想吃奶，但很快就把臉埋在她乳房上睡著了。「我第三個小孩還活著，」她說，「她住在空空庫魯（隔壁村子），已經有兩個小孩了。」

「我的老四是兒子，叫馬馬杜，現在十六歲左右。老六是希比利，十二歲。老七是女兒，叫艾米娜姐。老八是女兒，叫烏慕。之後我流產了兩次，接著又生了一個女兒，叫莎莉。最後就是這個小傢伙，歐馬魯。」

「所以妳生了十個孩子，七個還活著，加上流產兩次。」我再問一次，以便確認。

「喔，我流產不止兩次。」她一邊說著，一邊心不在焉用棍子在地上塗鴉。

「總共幾次？」我問她。

「我其實不曉得，因為沒有數。」婦人回答。

我又問了幾個問題。問完之後，她將歐馬魯從胸前抱開，把沉睡中的兒子綁在背後，接著頭上頂著裝滿小米粉的葫蘆，消失在門外。出去時還不忘低頭避開門楣。另一名婦人過來坐在她剛才坐著的凳子上，將木杵遞給一名年輕女孩。女孩立刻如玩跳繩遊戲一般，加入了輪搗小米的行列。

這婦人看上去是富拉尼人，膚色較淺，鼻樑修長，有著一雙美麗的黑色眼睛。她低頭注視地面，手裡扭著頭帶，過了一會兒才將它繫到紮著辮子的頭髮上。她生了七個孩子，前面四個都死了。

「跟我說說妳的第一個孩子。」照例講解完我發問的目的後，我立刻說道。

「我的第一胎是女孩，」婦人開口道，「她兩個月大的時候死了。」

「她是怎麼死的？」我問她。

「瘧疾。」婦人回答。

「妳的第二個孩子呢？」

「她一週大就死了，因為高燒和抽搐。」她努力忍住淚水說。

又是新生兒破傷風，我心想。「第三個孩子呢？」我問道。

「他大概五歲的時候死的，因為瘧疾和高燒。」婦人回答。

「他有哪些症狀？」我問她。

「他染了很久瘧疾，後來又得了符努巴那。」

「妳可以告訴我符努巴那的症狀有哪些嗎？」我問她。

「他身體會變腫，手腳也會變大。還有他的肚子，先是變大，然後變小。他變得不想玩，也不再說話，最後就死了。」她說。「大概是一年前吧。」她補上一句。

紅孩症，我在訪談表裡記下來，再接著問：「那第四個孩子呢？」

「她六歲的時候死了，因為高燒和抽搐。」說完，她突然站起來奔出房外，拖鞋劈啪作響，淚水滑落雙頰。

我發現自己也快落淚了。這一連串一連串的孩子出生與死亡，我光是聽到就不行了，這些婦人是怎麼熬過的？我在第四個孩子的名字旁寫下「新生兒破傷風」。

隔天在贊巴拉村，情況相去不遠。一名年輕婦人生了四個孩子，全都活不到六個月，因為「高燒」。另一名婦人頭一胎於出生時死亡，第二胎出生兩週後夭折，第七、八、九、十和十二胎跟第一胎一樣沒能捱過出生。她有五個孩子活著，但有七個死了。下一名婦人的前六胎都沒能活過一歲，最後只有兩個孩子活下來，兩人都已經長大搬離故鄉了。瘧疾、高燒、咳嗽、腹瀉、胃痛、疼痛、痛喉嚨、昆格洛奇、抽搐、符努巴那、痲疹。所有婦人都有一段心痛的過去可說，充滿了悲傷與夭折的孩子。但有些婦人講起如此巨大的失去，臉上卻幾乎沒有情緒。

「她們怎麼能受得了？」那天結束之後，我們坐著照護計畫的路華車回馬西納，我在車上對穆薩說。

「呃，」穆薩想著該如何解釋，開口道，「妳必須明白，死亡在馬利是生活的現實。」他的用詞讓我發笑。

「我是說真的。」他接著說：「我們從小就會遇到許多人死亡，大多數不是非常小，就是非常老。所有人都經歷過許許多多親戚、朋友和鄰居的死，也都有兄弟姊妹，尤其是年幼的手足，還有堂兄弟姊妹、表兄弟姊妹、姪子姪女、外甥外甥女或遠親撒手人寰。沒有人躲得掉，也不可能完全無所謂，但我們慢慢學會接受，甚至等著它發生。女人知道她有些孩子就是會死，她怎麼可能跟自己的奶奶外婆、媽媽姑姑阿姨、姊姊妹妹和朋友不一樣？你不能讓孩子的死毀了自己的生活。」

「我一直沒辦法這樣想，穆薩。」我說：「雖然肯亞某些部落的人告訴我，小孩活過麻疹才算數，我還是很難想像。」

「這裡的人也常這樣說。」穆薩說：「他們也不會去想自己的小孩長大後會怎麼樣。我們無法想得太遠，或想像小孩會變得如何，因為我們根本不曉得他們會活多久。」

「你知道嗎，我有不少學生都在念大學時遇到爺爺奶奶或外公外婆過世。」我說：「我們做教授的常開玩笑，只要考試就會有人的爺爺奶奶死掉。但那通常不是藉口，而是他們的爺爺奶奶真的過世了。這和世代長度有關。學生讀大學時，爺爺奶奶和外公外婆通常年事已高，有些就這樣死了。對他們當中大多數人來說，這是他們頭一回經驗到死亡，往往深受震撼與打擊。」

「在馬利，不可能有人在成年之前沒經歷過任何親朋好友死去。」穆薩說。

「在美國，所有人都認為小孩過世是父母親最大的創痛。你甚至可以加入團體，幫你面對失去小孩的悲傷。」我解釋道。

「那在馬利，所有人都是會員了。」穆薩笑著打趣。

「你怎麼笑得出來？」我斥責他。

「你不笑，」穆薩說，「難道要哭嗎？」

「有些婦人確實會哭。就算她們的孩子已經離開了二、三十年，活下來的孩子也都長大，甚至有自己的孩子了，她們談到那些死去的孩子依然會落淚。」

「的確。」穆薩承認道。

「但有些婦人的反應讓我很困惑。我遇過婦人非常難過，也遇過婦人似乎毫不在乎。難道是我誤會了她們？」我問他。

「嗯，有些地方認為在眾人面前哀悼小孩的死是不恰當的行為，尤其是為了夭折的嬰兒。」穆薩解釋道：「例如在眾人面前落淚是不恰當的，即使所有人都知道你心裡在哭也一樣。」

「在心裡還是在家裡？」我問他。

「都一樣。」穆薩回答。「其中一個原因是有人認為這是冒犯阿拉，因為是祂決定將小孩帶回天上，人不該為此哀傷，因為小孩已經和真主同在了。」他說。

「是啦，有些美國人也會這樣說，但我總覺得這不算什麼安慰。」我說。

「妳真的覺得有些母親不在乎自己的小孩是死是活嗎？」穆薩說，顯然覺得難以置信。

「呃，」我遲疑道，「我很難不這樣想。這裡大多數女人別無選擇，無法決定自己要不要嫁人、嫁給誰、什麼時候生小孩、生多少個。不止一位婦人告訴我，她們跟丈夫處不來，也不想要自己生的那些小孩。你還記得馬諾布古那個生了九個孩子、一九八三年離開丈夫的女人嗎？」

「嗯，我記得。」穆薩說。「她偷偷吃避孕藥，讓自己不會再懷孕。她哥哥假扮她先生，讓她拿到避孕藥。她等自己最小的孩子一斷奶，就離家出走了。但她所有孩子都活下來，而她也顯然沒有不管他們，只是最後離開了他們而已。」他有氣無力地說。

「重點是她不想再生孩子了。她覺得九個夠多了，但她先生不滿足，想生更多孩子。他甚至討了一個年輕許多的二老婆，因為他以為大老婆更年期到了，所以才一直沒懷孕。這也是她離開後，他沒有積極找她的原因，因為她對他已經沒用處了。她有選擇，但完全是因為哥哥肯幫忙。大多數女人都沒有選擇。她們必須嫁給父母親挑選的對象，就算不喜歡丈夫也得守在家中，而且必須一直生孩子，就算不想也得生。我很難想像自己這樣，嫁給我不喜歡的人，照顧我根本不想生的孩子。但要是真的遇到這種事，而孩子死了，我想我不會那麼難過，至少絕對比不上米蘭達或彼得出事了，我心裡會有的感受。」

「所以妳想說什麼？」穆薩問道。

「我們見到的這些營養不良的小孩，還有訪談裡聽到的死去小孩，不一定全是母親的心肝寶貝，不是她們嫁給心愛的人，自己決定什麼時候想生、要生多少而生下的孩子。這裡頭至少有些孩子一開始就是沒人要的。」

「呃，許多女人不愛自己的丈夫，但所有母親都愛自己的小孩，這不是天性嗎？」穆薩問。

「有些人確實這樣認為，」我說，「許多文化也如此推崇母性。但許多跨文化研究反證了這一點，像美國就有許多疏於照顧和虐童的案例。一個女人會對孩子的死無動於衷，這種態度可能多半出於以下兩點同時發生，一是她根據自己的童年經驗知道她有些小孩會死，二是她所處的文化禁止公開哀傷。不過，無法掌控自己的懷孕與生產應該也有影響。」

「研究兒童存活的文獻裡找不到這方面的資料。」我又說：「有一群學者主張，第三世界國家孩童營養不良和死亡率偏高，主因不是食物匱乏，就是貧窮導致無法購買足夠的食物。假如問題出在食物生產，解決之道就是基因改造作物，種植高產（high-yielding）小米、稻米、高粱和玉米，或提供更多殺蟲劑、除草劑或肥料。若問題出在貧窮，解決之道就是經濟改革和收入創造計畫。」

「另一群學者主張，無知和不當的文化信念與習慣才是主因。」我又說：「無知單純是指缺乏知識，例如不了解食物與健康的關係，或不清楚小孩出生頭幾年營養良好的重要性，覺得食物量多比質好更重要。這顯然是馬利的問題之一，再加上不當的文化信念與習慣，例如覺得嬰兒九到十個月大以後才需要吃固體食物，但其實單憑母乳，六個月後就無法支持幼兒正常成長與健康了。母乳在嬰兒出生後頭幾年依然很重要，但光靠它是不夠的。此外，這裡的人還會讓小孩自己決定何時吃飯、要吃多少。假如問題出在缺乏知識和適當的文化信念與習慣，那營養教育就是解決之道。我的著作主要偏向第二群學者的看法，認為營養教育才是改善孩童健康的關鍵。」

「但要是問題部分出在女人對自己的身體沒有掌控權，因為女人在傳統社會組織裡的地位低落，那解決之道就沒那麼容易找到了。」我總結道。

「我得再想一想。」穆薩說。

路華已經開到河邊，沒有路了。照護計畫僱用的耳聾船夫和他兒子在皮若克上等著，預備帶我們到河對岸。棕櫚樹的葉子在我們頭頂上方嗶剝搖曳。我們費力爬上皮若克，所有人都沉默了，身心俱疲。微風拂過河面，細浪輕輕拍打船側。薄暮時分，農村非洲彷彿瞬間靜止，喘息了一口氣。白天的炙人熱氣散了，刺眼的陽光柔和了，黃銅般的太陽沉落了，大地幾乎一轉眼就墮入了黑暗，晚星開始在天上舞動。

我回過神來，發現窗外已是午後斜陽，一天就這樣過去了。靜脈注射依然緩緩滴進米蘭達的手臂裡。「要是米蘭達死了，我要怎麼辦？」我手指輕輕撫摸她的額頭想著。「她不會死的。別想這個，否則妳會瘋掉。」我責罵自己。「但我要怎麼辦？」我又問道，「我要怎麼回家？怎麼面對史蒂芬？家人和朋友會怎麼說？說我為了拚研究，拿女兒當犧牲品？說我不是好母親，沒有照顧好她？還是我根本不該離開家人，帶她到馬利？史蒂芬有可能原諒我嗎？」

「我沒辦法面對他。」我最後想道：「我要消失，要遠走他方，在沒有人找得到我的偏遠班巴拉小村子了此殘生。」但隨即諷刺自己：「妳還真行，竟然想讓自己另一個小孩沒有媽媽，史蒂芬沒有妻子……但他不會要我回去的，除非他覺得米蘭達的死不是我的錯。」淚水再次湧上我的眼眶，我這次沒有忍，開始放聲大哭，哭得床跟著我一起搖晃。

米蘭達身體一動，睜開了眼睛。她轉頭困惑看了房間一眼。「這裡是哪裡？」她問道。我抬起頭，心裡抱著一絲希望。「在大使館，使館醫師的診間。」我一邊回答，一邊仔細打量她。「妳記得我們今天早上來這裡嗎？」

「沒什麼印象。」米蘭達坦白說道。「我可以喝點東西嗎？」

「可以，當然沒問題！」我滿心感激從椅子上跳起來，用手臂擦了擦臉。「我去阿里巴巴幫妳買，馬上回來。」

我衝出大使館，跑到馬路對面買了兩瓶橘子汽水回來。她狼吞虎嚥喝了。

「太好喝了！我真的渴死了。」她雙頰恢復了血色，眼神也亮了起來。「妳為什麼在哭？難道怕我死掉嗎？」她開我玩笑。

「沒錯！因為妳病得很重。妳現在感覺如何？」我問。

「我感覺很好。」她說：「這表示瘧疾走了嗎？」

「還不曉得，要看。他們會再替妳抽血檢查，但我想坎應該過了。」

「啊？什麼坎應該過了？」

「沒事，給我一個擁抱就好。」我邊說邊爬到床上，將女兒摟在懷裡，朝她頭髮輕聲說話。

凱伊和米奇的鬼魂飄出了房間。「謝謝妳，謝謝。」

「沒問題。」米蘭達呵呵笑著說：「不客氣。」

該回家了。

14

後記，一九九三

Postscript, 1993

寧可點亮一根蠟燭，也別枯坐咒罵黑暗。

中國諺語

我走下飛機時，彼得沒認出我，之後又花了一個月才重新接納我。我覺得他現在應該不大記得「媽媽和米蘭達去馬利旅行」的事了，有時我甚至隱約有一種把握，覺得他認為我們那六個半月都在飛機上。他現在是普通班的一年級小學生，正在學閱讀，很努力在課業上不要落後同學太多。

米蘭達完全康復了，徹底擺脫了抗氯喹和抗氯胍瘧疾。我們離開馬利時，她體重只剩廿九公斤出頭，比剛到馬利時少了將近十四公斤。她靠披薩、漢堡和藍鐘冰淇淋把體重給追了回來。和死神擦肩而過沒有在她身上留下長期傷害，至少生理上沒有。我希望米蘭達未來能體會到馬利對她人生的影響，希望她能記得那裡的物質匱乏與精神富足，記得首都垃圾堆積如山和鄉間美麗得無法形容，記得那裡的笑聲與淚水。我希望她在那裡見到、聽到和感受到的一切，能永遠留在她的記憶之中。最重要的，我希望她能感謝現代科技帶給她的種種好處，同時不忘在熱帶豔陽下務實辛勤勞動的美妙與價值。回來之後，我每天都見證她確實學到了馬利教給她的一切。

我回到德州農工大學教書與寫作，並繼續和「免於飢餓」一起在多貢區推行計畫。拜卡利和他的手下成立了一個新的組織，「婦女營養與經濟支援中心」，由「免於飢餓」資助，專做「教育信貸」計畫。我也繼續和教育發展學會合作，在馬利進行健康照護人員訓練，執行農村營養溝通計畫。我一點一點分析資料，一點一點將自己的傅爾布萊特研究成果發表在人類學的學術期刊上。雖然這些研究深深牽動我的情緒，但我無法想像將時間和心力花在其他主題上，不論人類學或其他領域的主題都一樣。馬利和那片土地上的人民始終讓我說不出的著迷。

一九九一年八月，我和史蒂芬再做父母，有了亞歷山大．羅根．沃夫岡．德特威勒，我們的第三個孩子，米蘭達的翻版。撰寫本書時，他一直與我為伴。我希望他有一天也能領略這個對他家人意義非凡的國家的美麗與哀愁。

穆薩來信說他一切安好，他的同胞們對於一九九一年春天推翻總統穆薩．特拉奧雷成立的新政府抱持謹慎的樂觀。他說橫跨尼日河的新橋已經完成，而我們走過無數次的舊橋目前正封閉整修。他還說我的小閨密艾米一九九〇年秋天得了瘧疾，但沒提到達烏鞮。

CHAPTER 14—— 後記，一九九三

Postscript, 1993

我每天早上都在破曉前醒來，到屋外拿報紙。孩子起床前的這段寧靜時光，是我喝咖啡、讀報紙和預備一天工作的時間。接下來便是一整天的混仗：送家裡其他三個人上班上學、幫寶寶餵奶、備課講課、出席委員會、指導學生、煮飯、辦雜事，還要擠出時間寫書。

每天早上走回屋裡之前，我都會面向東方，對著朝陽感謝自己所擁有的一切。為了向所有馬利女性致敬，她們同樣日出而起，開始面對無止盡的搗小米、汲水與撿柴，以及自己和孩子不確定的未來，我唯一能做的就是感謝自己擁有的一切。我只希望藉由自己的研究，能替營養不良而致晦暗的非洲大陸，點亮一根蠟燭。

15

作者答問

Q & A with the Author

二〇〇八年，托莉．薩內達在卡斯凱迪亞社區學院開了「生物人類學導論」課程。以下是班上學生提出的問題。我沒能親自前往華盛頓州博瑟爾市造訪卡斯凱迪亞社區學院，而是用電郵回覆。不論是因為老師指定而讀了《跳舞骷髏》的學生，或是參加我在各大院校演講的聽眾，都曾提出類似的問題。以下問題最近一次更新是二〇一三年夏天。

是什麼讓妳決定成為人類學者？又是什麼讓妳選擇研究傳統哺乳方式？

高中時，我的父母親送了我一本時代生活出版的《早期人類》，書中描述人類祖先和人類化石的文字與圖片讓我深深著迷。我高中最喜歡生物課（當時我還不曉得人類學是獨立的一門學科），頭一回念大學也是主修生物。

我一九七二年秋天第一次離開學校，從加州大學戴維斯分校休學。我當時還很年輕，只有十七歲（我小學時曾跳級一年），被大學的沉重課業和打工壓得喘不過氣，因為高中對我來說太輕鬆了。我住在家裡，搭車到學校上課，在梅爾得來速漢堡店打工。我幾乎全職工作，結果感恩節就病倒了，還被送進醫院，之後我就沒再回學校了。

幾個月後，我找到了一份工作，並搬出家裡。一年後，我一邊做著全職工作，在沙加緬度陸軍彈藥庫擔任平民檔案管理員，一邊開始在當地的美國河流學院讀夜校。我在那裡修了一門珍恩．達巴吉安博士的課，因為我高中朋友凱瑞．威勒漢．克里夫頓說她教得很棒。達巴吉安博士那個學期在夜校開的是「文化人類學導論」，所以我就修了。她果然非常棒。下學期我又修了「體質人類學導論」，其中一本教科書就是《早期人類》。這門課我也很喜歡。隔年，我回到戴維斯分校打算復學。我依然主修生物，但很喜歡人類學，因此又修了一門課，這回修的是考古學。授課教授戴伯特．特魯博士也教得很好，所以我接著修他的其他門課，同時還修了遺傳學、化學和動物學，以及更多文化人類學和體質人類學的課。最後我乾脆轉系，拿到了人類學學士學位。

當我「發現」人類學，感覺就像回家一樣。它所說的一切我都能理解，感覺簡單、合理又有趣到了極點，幾乎研究什麼都可以說是在研究人類學。我有幸在美國河流學院、加大戴維斯分校和印第安納大學布魯明頓分校人類學研究所遇到許多非常傑出的老師，不僅樂於討論爭辯，對事物充滿熱情，並且永遠不忘回到最根本的科學問題：我們有什麼證據？還需要哪些證據？哪些問題還沒有人問或回答得不好？

我在戴維斯分校認識的亨利・麥亨利博士鼓勵我讀研究所，拿到博士學位成為專業的人類學者。進了研究所，我原本打算讀古病理學，根據骨骼化石研究古代人類的疾病。沒想到，進研究所第一天就遇到了我老公史蒂芬（天哪，快卅六年前了！），他正打算去非洲進行博士論文研究。這聽起來比待在印大羅爾斯堂四樓研究死人骨頭有趣多了。於是我當下決定轉換主題，研究活人的成長發育。我們起初計畫到蘇丹南部科爾多凡省的努巴山脈（就在達佛東邊）做研究，我想比較兩群男童在成長、發育、營養及健康方面的差異，一群是在牧牛場上長大，從小就訓練成為摔角選手的男孩，另一群是農村長大，從小沒有接受摔角訓練的男孩。

總而言之，沒想到要去蘇丹南部難如登天，我們最後跟朋友凱西恩夫妻去了馬利，心裡完全沒有計畫要研究什麼。馬利沒有摔角和不摔角的文化，不同族群間的孩童飲食也沒有多大差別。我之前學過如何測量孩童，對孩童的成長發育也有興趣。基本上，我喜歡了解人類體質與文化的關係。我當時還在哺乳。我們頭一回到馬利時，女兒米蘭達只有十五個月大。我在美國曾經抵制過雀巢，因為雀巢強力推銷嬰兒配方奶粉，而我很清楚母乳改成配方奶粉對孩童健康的壞處有多大。於是我想或許可以生出一個研究計畫，了解配方奶粉對馬利孩童健康與成長的影響。結果馬利根本沒有小孩喝配方奶粉（謝天謝地！），所以我就放寬範圍，用民族誌的方法研究嬰兒哺育及成長發育的關係。能在所有媽媽都餵嬰兒母奶的文化裡生活好幾年，感覺真的很棒。好了，第一個問題答太長囉！

妳在決定研究主題之前想過多少個其他的主題？

最早是史前美國原住民的古病理學，再來是蘇丹摔角研究，接著是配方奶粉與母乳比較，最後是研究哺乳。

妳寫這本民族誌花了多久時間？

呃，天哪，我其實不記得了。我一九八九年二度前往馬利，從六月待到十二月，大概隔年開始寫這本書，然後一九九一到九二年亞歷山大剛出生那陣子寫了很多，所以總共兩年？其實很快。一九八九年在馬利做研究那半年，我常常寫信給我丈夫詳細描述許多事情，加上又有寫日記，並且跟學生講過，因此書裡許多內容都已經準備得差不多了，稍加修飾就能出版。別忘了，當時還沒有手機、電郵和Skype。威夫蘭出版社的編輯湯姆．克汀一說確定出書，我其實一章一章寫得蠻快的。

《跳舞骷髏》出版後，妳有再回去當年的田野地嗎？有的話，是回去哪裡？妳有去找當年測量過的那些小孩嗎？

我最後一次到馬利做研究是一九九〇年春天，停留的時間很短。當時《跳舞骷髏》還沒動筆。亞歷山大出生後，我不想帶他去馬利，也不想將他留在美國沒辦法吃母奶。我一直哺乳到他五歲半。我當時在研究哺乳與斷奶的演化效益，對象是餵母奶到小孩三歲以後的美國母親。此外，我不想讓先生獨自照顧三個小孩。所以，這些年過去，我始終沒有再回馬利。

妳還有跟之前往來頻繁的人保持聯繫嗎？例如穆薩？有的話，妳知道這些年來那裡的生活方式有什麼大改變嗎？

我沒有跟穆薩直接聯繫。我敢說他現在還是沒有電話或網路，也沒有收件地址。這些年來我跟他的聯繫主要透過其他人類學者和健康營養學家，他們僱用他擔任助手、導遊、翻譯或研究助理。就我所知，我訪談過的婦女都沒有聯絡方式，她們甚至不會讀寫班巴拉語。

馬利自一九八〇年代起在許多方面都突飛猛進，至少到二〇一二年都是如此。一九九〇年代初，一場政變推翻了軍政府，建立民主，此後經濟發展神速。除了大筆的觀光收入，音樂活動更是如雨後春筍一般，每年在廷布克圖市郊的沙漠都會舉辦一場盛大的音樂會，直到最近政治又出現困局為止。我相信馬利的改變一定會令我眼花撩亂，但鄉下生活應該跟之前相去不遠，只是我知道和平工作團的農村志工現在都有手機和網路了。我在下一章提供了一些馬利的現況與婦幼健康進展，並簡單說明了近來的政治動盪。

妳在馬利見到那麼多死亡、痛苦與心碎，妳是如何面對的？保持抽離的做法是什麼？

不用說，我倚靠的是幽默。我見到的那些荒謬的不平等並非每次都那麼劇烈，而不論何時何地，只要見到我都會盡力幫忙，並且始終明白，長遠看來自己所做的不一定正確。這真的不容易。

蒐集資料最難的地方在哪裡？妳又是如何融入當地文化？從讀者的角度感覺蠻容易的，但我可以想像實際上難多了！

其實，蒐集資料只有一個地方很難，就是長時間站著替人測量，以及經常得和對我們想做什麼有一點懷疑（這是難免）的人打交道。我們做測量是在勉強他們，讓他們無法工作，同時我也不算真的解釋了我為什麼要這樣做。這點很難。我頭一回到馬利是靠著女兒米蘭達才讓我比較順利融入其中，因為我當時還在餵她母奶，而我研究的正好是吃母奶的嬰兒。我想當時要不是我已為人母親，恐怕研究婦女照顧嬰兒與哺乳會困難許多。當地婦人不會那麼輕易信任我。

而且老實說，我是他們的開心果，讓他們得以暫時擺脫生活的一成不變。面對我這樣一名生人異客，他們可以教我許多事情，因為我對如何在班巴拉社會表現得體一無所知，而且我對當地女人的想法、看法和意見很感興趣，之前從來沒有外人會特別關心這些。我第二次到馬利時，他們都很開心再見到我，非常興奮我回來了，更沒想到會見到米蘭達。到鄉村做研究時，我總是跟已經和村民建立起情感、目前在當地執行計畫的組織（如照護計畫、AMIPJ和免於飢餓）合作。我想，隨便走進某個農村，跟村民說我想測量他們、跟他們談話，那是不可能的。

白人買東西開價比較高，不然就是覺得你一定不懂他們的語言與習俗，這些事我都曉得。但撇開這些不談，妳的白人身分有沒有造成問題？有沒有當地人因此不准妳蒐集資料？

嗯，某個地方只有你一個白人，這當然是新穎的體驗。我在馬利多數時候都是如此。大人會指指點點，大聲嚷嚷，七嘴八舌，小孩會成群結隊跟著我，喊著「土巴布，土巴布」。此外，馬利人通常見到白人都會認為對方是法國人，而他們對這些前殖民者沒什麼好感，因此我起初是被兇了幾次，直到他們明白（一）我不是法國人，（二）我會講班巴拉語，至少很努力說，而法國人絕不會這樣做，情況才有所改觀。在比較鄉下的村子，有些小孩和青少年見到我會跑到田裡躲起來，因為害怕我們的長相。這裡的我們是指我、米蘭達和希瑟等人。這些村子有許多小孩從來沒見過白人，甚至沒聽說過世界上有皮膚這麼白的人存在，因此會逃跑或躲起來。當然，大人們覺得小孩害怕很好玩，就會加油添醋，編一些荒誕不經的白人故事。

書裡提到，妳在巴馬科市區指著某個婦人說「這是我的痲瘋病患」。這句話是什麼意思？為什麼妳需要向妳的助理希瑟解釋這個？

哈，是這樣的，因為街上乞丐太多——這個街角是痲瘋病患，下個路口是帶著一對雙胞胎的母親，而美國大使館外頭是「抽菸的老喬」。如果所有乞丐都給錢，你很快就破產了。如果這次給一個，下次給另一個，你就會被遇到的每一個乞丐纏住。但只要你選定一個人當「你的痲瘋病患」，每回經過只給對方錢，不給其他乞丐，其他人就會尊重你的選擇，不會向你乞討。因此，每個乞丐聚集的地區，你都選一個當你的乞丐。我已經不記得那時是不是希瑟想施捨給所有乞丐了……但總之，我是因為這點才會向她解釋。不要看到乞丐就掏錢，等看見你的「受益人」再說。

在市場買東西也一樣。一排攤位可能有三十名婦人在賣青豆，如果你每次換一個攤位買，所有婦人都會纏著你，吼著要你向她買。所以，你要和其中一位賣青豆的婦人打好關係，然後永遠只跟她買，成為妳的「習慣」。這就是為什麼顧客的英文是customer，因為是從custom（習慣）變來的。如此一來，那名婦人會受寵若驚，給你好價錢，讓你一直找她買，其他婦人也不會再纏著你，而是開開心心對你很客氣。

妳在書裡第三十六頁提到了「在馬利婦女與美國僑民這兩個世界往來穿梭」的好處，但我想知道妳是否同意「過得像當地人」有其優點，或者反過來說，不這樣做會有某些壞處？其原因何在？

過去大多數的人類學研究都得一個人置身於某個偏遠的地方。這麼做有一個問題，就是一開始覺得古怪新奇又有趣的事物，很快就會變得稀鬆平常。一旦浸淫在那個文化當中，就會開始認為他們的言談舉止非常正常普通、「理所當然」，不值得大驚小怪，進而不再留意到差異，忘了事情並非總是感覺如此平常與無聊。

在我的「母文化」和馬利人之間來回，讓我時時記得兩個世界。我可以跟不是人類學者的美國同胞談我的研究，而他們的提問與看法能喚醒我的外人視角。少了他們，我可能很快就會失去這樣的能力。他們會評論一些我覺得很明顯的事物，因為我已經知道那些人為何會那樣做，不會想到有必要解釋、寫下來或發表看法。我相信我們（一九八一到八三年）頭一回來馬利時住在山上的白色大房子裡，讓我們和村民產生了隔閡，他們不曉得該如何看待我們。在鄉下，你很容易過得像當地人，跟村民一樣睡地上、用手吃飯什麼的，也才能見到一些入夜之後才有的現象，例如滿月時村民會跳舞狂歡，以及如果沒有月亮，天一黑村民就會上床睡覺。因此，兩種方式都有好有壞。

當然，時至今日，人類學研究者不論去到多偏遠的地方，也會有電郵、網路和 Skype。因此，除非刻意切斷聯繫，否則不可能再像從前那麼與世隔絕。

妳在馬利做過的事情裡，有沒有妳事後希望當初不要那樣做的？有的話，是哪件事呢？

我其實只有對一件事悔不當初。一九八〇年代初期，我頭一回到馬利時，曾經「干涉」某個不是我論文研究對象的家庭。那一家有個嚴重營養不良又智能不足的男孩。當時我還沒生彼得，那個有唐氏症的兒子。那男孩大約三歲，無法站立、行走和說話，完全只吃母奶。我買了材料做成配方奶粉送給男孩的母親，讓她餵他喝。因為她乳汁變少了，導致男孩體重下降。男孩喝了配方奶粉之後好轉一些，甚至開始吃固體食物，也能靠人攙扶走一點路。但他母親因此決定斷奶，結果男孩斷奶不久後就死了，因為缺乏母乳的營養。我事後覺得自己從一開始就不該干涉，給那一家人錯誤的希望，讓他們以為男孩會好起來。就算他因為我沒插手而死得更早，或許也比我出手干涉要好。

在馬利的那段日子，對妳回美國後的生活有影響嗎？

當然有。我去馬利之前就不是一個非常重物質的人，回來之後變得更反對追求物質了。我去馬利之前就很注重家人朋友，回來之後變得更注重了，尤其是家族親戚。當然，我的育兒方式本來就比較偏現在所謂的「依附教養」，但在馬利的經歷讓我更加堅守此道。我發現嬰兒只要隨時被人抱著，餓了有人餵奶，他們就不會哭。這點讓我深受影響。我還發現嬰兒不必在安靜的環境也能睡覺，大人一邊忙各種事情，還是能照顧寶寶或幼兒，尤其是將他們綁在背上的時候。亞歷山大小時候，我會將他揹在背包裡一邊煮晚飯，既讓他安全又不會妨礙我做事。他可以看見我在做什麼，而我即使在忙做菜也能跟他說話，關心他。我不曉得這是否啟發了他對烹飪的興趣，但他現在是一名出色的廚師。

馬利人對健康的看法當中，哪一個最讓人困擾？是他們認為食物應該多分給大人，尤其是更營養的食物，因為給小孩吃是「浪費」？還是血吸蟲病和血尿太常見，結果被當成青年的成年禮？還是女性割禮？

老實說，馬利人對健康的看法沒有一個令我「困擾」。他們的看法很有趣、迷人、新奇又發人深省，但不令人困擾。反而是美國人一些常見的看法更讓我困擾。例如，小孩喝配方奶粉沒問題，喝不喝母奶沒差。還有小孩應該自己睡、小孩常哭很自然，當然更不用提隆乳或乳房切除手術了，這些都讓我覺得既震驚又難過。

妳會推薦別人去非洲接續妳做的事嗎？還是妳覺得那樣做情緒負荷太大？

人當然應該遠行、去冒險，去擁有一個改變一生的美好經歷！人生只有一回，而且轉眼就到了盡頭。我在馬利的生活雖然令人心神俱疲，卻也很美好、很有啟發、很……我無法形容。所有人當然都該遠行，儘量多去自己國家的其他地方，或世界其他角落。

班巴拉（馬利）文化對同性戀的主流看法是什麼？整體而言，他們相信同性戀的存在嗎？他們的態度多半是正面、負面還是中性的？

我其實沒做過這方面研究，也沒跟人談過，加上我一九九〇年以後就沒再去過馬利，而且這個國家不小，人種繁多，所以實際情況我不清楚。不過，肯定有些人知道同性戀存在，也肯定有些人覺得同性戀很怪。偶然談到這個話題時，有些人說他們從來沒聽過兩個男人性交，接著就會問我「到底要怎麼做」？對兩個女人做愛的看法也是如此。

不過，要知道肢體和心理親近跟性欲並不相同。馬利男人關係緊密，兄弟之間、親戚之間和朋友之間皆然。他們會牽手和勾肩搭背等等，完全沒有性意味。

我認為，馬利男人多數是靠男人之間的關係來滿足情感需求，但這些關係和性無關。女人之間也是如此。女人總是和女人在一起：姊妹、母女、共享一個丈夫的妻子們、閨密、鄰居等等。她們的友誼濃郁，情感需求主要靠女人滿足，而且同樣無關乎性。美國人對同性戀和異性戀的截然二分，視兩者為不相容的選項（一個人不是同性戀就是異性戀）其實非常侷限，並且狹隘。金賽博士早在一九四〇和五〇年代就證明了性傾向是連續的。美國人認為肢體親近必然涉及性欲，其實阻礙了不同文化對此進行有益的對話。

美國文化對女人乳房的「性」趣有傳入班巴拉文化嗎？那裡的女人有開始覺得乳房會引發性反應嗎？

和上一題一樣，我話說在前頭，我沒做過這方面的研究，不過，我很難相信馬利人會接受西方人將乳房性欲化的看法。老實說，這問題本身就有點怪。沒有一個人的乳房會引發「性反應」，性反應是學習來的。性愉悅主要來自大腦，這就是為什麼陌生人強摸妳不會帶來性愉悅，婦科醫師檢查妳乳房有沒有腫瘤時絲毫不令人興奮，也是人幾乎能從任何事——從摸額頭、咬耳垂到吸腳趾（！）——獲得「性愉悅」的理由。許多老夫老妻都會發展出一套透露性欲的暗號，有些暗號感覺根本沒什麼，例如在漆黑的電影院裡伸手輕摁對方的小指，但光是丟出暗號就足以讓另一半興奮莫名。

不過，全球顯然有不少地方接受了Hooters'餐廳的觀點，認為男人就愛大胸部。許多人會立刻想到韓國：韓國男性接受了女人乳房愈大愈性感的觀點，使得韓國女性紛紛墊胸和隆乳。中東地區的流行女歌手和女演員幾乎個個胸前宏偉（雖然是假的），也讓當地女性開始隆乳。

妳後來有遇到更多「長不大的孩子」嗎？對他們的狀況有得到更明確的解釋嗎（不論是根據推論或更多的資訊）？

我有問，但從來得不到討論。絕大多數馬利人都不願意談，因為他們認為這個問題既難堪又丟臉，不想討論整體狀況。在馬利北部馬西納省照護計畫輔導的村子裡，有好幾次都是我們特地問了，村民才帶著有紅孩症的孩子過來，有時連鄰居都嚇一跳，因為他們從來沒見過這些小孩。

妳有發現馬利孩童會對食物過敏嗎？例如乳糖不耐症？

呃，首先，乳糖不耐症不是食物過敏。世界上多數人一過了童年中晚期，身體就不再分泌乳糖酶，亦即消化乳糖的酵素，因此牛奶喝了不會消化，進到腸道才會被細菌吃掉，產生大量氣體，造成腹瀉、嘔吐及脹氣。這跟過敏不同，過敏是身體對環境中的某種東西產生反應，將之視為外來的有毒物質。我在馬利沒有見過有過敏症狀的人，但我說過，我不是研究這個。你提的問題很好，應該有人去研究的，不論在馬利或其他地方！

照護計畫對馬利鄉村的重建，除了乾淨飲水和預防接種，後來有沒有補上營養教育，好讓他們拯救的孩童活到成年？

我其實沒怎麼跟照護計畫的人保持聯繫。我知道他們依然在馬利推行計畫，並且在我一九八九到一九九〇年停留馬利之後，立刻在村莊健康計畫裡加入了營養方案。但我相信這些年來，他們的計畫有持續在調整與改變。

在妳造訪之後，馬利和周邊國家的營養不良比例到底有沒有下降？

照護計畫、免於飢餓和AMIPJ在我做研究的地區做過幾次營養調查，也做了知識、態度與行為調查，發現我們的宣導確實有傳遞出去。但我其實不太清楚人們的行為是否有明確改變，以及宣導對營養不良現象的長期影響。一九九〇年代中晚期，諾華「重新發現了」我在馬利的研究結果。諾華是瑞士的一家跨國企業，在馬利等西非國家推動許多發展計畫。我在一九八〇年代初首次造訪馬利時認識了諾華的約翰．許爾林。我知道他目前正使用我的研究來加強諾華的計畫。他們希望改善孩童健康及存活率，方法是提升作物的營養價值，例如種植維生素A和C含量高於平均的芒果和猴麵包樹、先將小米糖化再煮粥給小孩吃以增加蛋白質攝取量等等。我在下一章提供了一些馬利的基本統計數據，顯示孩童營養狀況有改善，嬰兒與孩童死亡率也有降低。我希望自己的研究確實有對這些改善做出一點貢獻。

關於「卡芙恩小孩」有更明確的解釋了嗎？是跟遺傳預先傾向有關？還是和營養不良的情況相同（缺乏同一種食物）？或兩者皆有？

這依然是未解的問題，有待學者研究。目前有許多研究者測量顱顏數值，認為它是遺傳和發展異常的指標，不過沒有人研究「童年差點餓死但倖存下來」的狀況，至少我沒聽說。

妳有實現自己的夢想，設計出「文化合宜的營養教育方案」嗎？如果有，妳在哪裡實施過這項方案，又得到什麼結果？

照護計畫、免於飢餓、教育發展學會和上面提到的諾華公司都參考過我的研究，作為他們在馬利等西非國家營養教育開發素材與計畫的基礎。由於相關變數太多，我很難確切知道自己的研究有什麼長遠影響。

妳在書裡曾經提到，妳很擔心自己的建議對馬利父母的影響，因為建議有可能造成傷害。妳有遇過哪些母親認為妳的建議可能對孩子有害嗎？

有時她們會抗議和反駁我的建議，而且有時她們的確是對的。至於其他時候，我敢說她們只是微笑點頭，等我走了才笑我愚蠢又無知。

「向鄰居借針」很普遍嗎？為什麼注射器不是持有處方才能購買？

向鄰居借針在全球各地都很普遍，美國也不例外。哪裡有非法藥物，哪裡就會有人向鄰居借針。注射器很貴，在馬利只要有處方就能買到新的注射器，但由於大多數人根本看不起醫師，當然不可能有錢每次買新針頭。美國的對抗藥物成癮方案就曾引入清潔針具計畫，以減緩愛滋病、B型肝炎和其他血液傳播疾病的傳染率。

馬利的小孩幾乎個個營養不良，但大人都覺得他們看上去很正常。他們對美國小孩的體重有什麼看法？對他們自己的年紀與身高比又有什麼感覺？

大多數馬利人對美國小孩的模樣一無所知。少數在馬利的美國小孩，以美國標準來說幾乎都偏瘦，因為缺乏高熱量的垃圾食物，例如沒有披薩、冰淇淋和糖果等等，也沒有電視和電玩之類的東西。由於大多數人根本不曉得別人的小孩年紀多大，因此對某個小孩比同齡小孩高或矮也沒有概念。不過，我確實遇到幾個人不敢相信一九八九年九歲的米蘭達跟我一九八一到八三年帶在身邊的那個女孩是同一個人，主要因為她比我研究對象裡和她同齡的孩子高太多。他們認為她一定是另一個孩子，是米蘭達的姊姊。我們一九八九年重返馬利時，米蘭達很胖，體重大約四十三公斤，回家時卻很瘦，只有廿九公斤。減少的體重可能一半來自我剛才提到的原因（飲食不同，加上大量步行），一半來自瘧疾。在馬利，營養不良的孩童幾乎都無法久活，活下來的長大之後都很高。那裡比我高的女人非常多，而我當時身高可是有一百七十三公分呢。可惜現在有點縮水了。

當然，一九八九年十二月我剛回國時，看到美國胖小孩之多、許多人對食物之浪費，簡直嘆為觀止又深惡痛絕。但一如以往，人很快就對自己天天見到的事物習以為常了。

女性閹割的部位容不容易感染？如果容易，原因是環境或衣物？

女性閹割當然可能引發感染，因為閹割器具沒有消毒，而且陰部終年溫潤潮濕，非常容易孳生細菌。此外，馬利乾季時風沙很大，也容易導致感染。覆蓋或包裹生殖器的布巾有時不夠乾淨或更換不夠頻繁，而當地人也沒有無菌敷料可以使用。

《跳舞骷髏》和妳在馬利的兩次研究已經出版許多年了，妳認為當地營養不良的最主要原因是什麼？又建議採取哪些行動？

我認為缺乏資訊與知識是最主要的原因，而營養教育計畫最有可能改善孩童健康。但以下兩件事也很關鍵：提供常見兒童疾病的預防接種，以及支援地方經濟活動，免得村民為了微薄的財產該用在哪裡而左右為難。和許多複雜的問題一樣，營養不良是多重因素造成的，只要出現其中幾種，就可能導致類似結果。在馬利，營養不良的因素很多，包括缺乏資訊與知識、貧窮、乾旱、高碳水化合物低蛋白質作物、疾病猖獗、飲水有時不潔，以及（傳統和西方）醫療匱乏等等。

馬利的孩童營養不良問題，在許多方面都和美國孩童與成人暴力攻擊問題一樣，涉及許多因素。我在我的「人類學與人性」課上常用到一本非常棒的參考書，羅萍．卡爾－摩斯和梅芮迪絲．威利合著的《來自育兒室的鬼魂：追溯暴力的來源》（一九九八）。這兩位作者有系統地爬梳了導致暴力的所有環境因素。最早是母親懷孕期間使用或濫用酒精、香菸、合法及非法藥物，以及濫用導致的親職壓力荷爾蒙失調。懷孕及生產期間使用藥物以緩和母親疼痛，會對嬰兒造成不少嚴重影響，包括哺乳困難。其他像是生產困難、出生後母嬰分離、缺乏哺乳和肢體碰觸、被迫獨睡等等，都可能導致孩童日後出現暴力和攻擊傾向。此外還有肢體或情緒暴力，尤其是頭部傷害、疏忽、營養不良、目睹家庭暴力、接觸藥物和酒精、父母親罹患心理疾病、父親缺席、長期窮困等等等等。這些因素同時出現一、兩個，甚至三個，或許還不會對孩童產生長期傷害，但數個因素加在一起就會出問題，就像馬利的孩童營養不良一樣。這種原因多重但結果類似的現象，就叫作**多重決定**。這類問題很難找出簡單、有效又長遠的解決之道，但我們還是不能放棄。美國疾病管制中心及凱薩醫療機構一九九〇年代開始至今的童年不良經驗（ACE, adverse childhood experience）研究便專注於此，希望找出童年不良經驗與日後身心福祉的關聯（ACES 2013），詳情可參考：http://www.cdc.gov/ace/about.html。

馬利女孩通常幾歲結婚？她們是不是一結婚就會離開娘家？

我在馬利時，在我工作過的那些村子，女孩只要未婚就會一直住在家裡，沒有單身獨居的經驗，年紀再大也一樣。大多數女孩會在二十歲前結婚。最近數據顯示，十五到十九歲的馬利女孩約有半數已婚。

在馬利，寡婦受到的對待如何？

我其實不大清楚。我知道有些遺孀如果還年輕，會嫁給丈夫的兄弟，有些則會改嫁他人。過了生育年齡的寡婦可能不會再嫁，但會和小孩繼續待在夫家。

馬利人的習慣（如哺乳方式）是何時由「傳統」轉為現代的？

我不是很明白這個問題的意思。所有文化都無法一刀劃分傳統與現代。我不曉得女人餵奶是從什麼時候開始只餵到小孩兩歲，而不是餵到五、六歲，甚至七歲。我甚至不曉得兩歲前斷奶的做法（或看法）有多普遍。我只知道在我的論文研究對象當中，有些母親表示一九三〇到六〇年代出生的人還記得自己吃奶吃到五、六歲，或記得弟弟妹妹吃奶吃到那個年紀。但我一九八〇年代在馬利時找不到吃奶吃到五、六歲的小孩。美國有，馬利沒有。

妳說妳在馬利幾乎不談政治與宗教。妳覺得不談的理由何在？目前又有哪些事件讓妳無法談論這方面的事？

我想你可能誤會我某一次的即席發言了。我當然沒有跟當地人談論政治與宗教，但那只是因為我會的詞彙不夠多，而不是因為那是禁忌。我會的班巴拉語只和我的研究主題有關，例如各式各樣的腹瀉、嘔吐、發燒、胃口、健康和食物等等。我跟當地婦人幾乎只談和我研究主題有關的事。別忘了我時間有限，我可以花時間跟她們詳談嬰兒腹瀉的頻率與糞便顏色，但缺乏足夠詞彙與流利度討論她們是否還保有傳統的泛靈思想，或她們對圖阿雷格政治議題的看法。

身為美國人，妳得到的尊重會比一般已婚的馬利婦人多嗎？

誰的尊重？馬利婦女和西非大多數婦女一樣，理所當然備受兒女敬重，在家裡和社會的權力也不小，至少婦女相關事務上是如此。我是異類不是因為我是女人，而是因為我是白種女人，當地人往往不曉得該怎麼對待我或應付我。他們打過交道的「土巴布」多是白人男性，因此某些人會有點困惑，不知道該如何看我。

妳未來計畫再帶孩子到其他國家從事田野工作嗎？還是米蘭達的瘧疾驚魂記讓妳有點裹足不前了？

我孩子都長大了。亞歷山大還小的時候，我不想帶他出國，理由之前提過。他沒去過馬利實在很可惜。我現在算是半退休狀態，不打算再做田野工作了。

妳小孩現在多大？都在做些什麼？

米蘭達現在卅三歲，她大學就讀維吉尼亞州倫道夫梅康女子學院，主修物理，之後在德州大學布朗斯維爾分校拿到物理學碩士。她二〇〇五年結婚，有兩個孩子，之前住過德國、愛爾蘭及澳洲，目前定居威爾斯。她後來又回學校念書，想成為建築師。

彼得廿八歲，和我們夫妻倆同住，是家中趣味、愛與傻氣的來源。他比以前愛說話，白天會去伊斯特．席爾斯善意企業的旗下計畫，在那裡交了幾個朋友。他是老鷹迷（老鷹合唱團，不是美式足球隊）和白線條樂團迷，喜歡看《美國偶像》和喬恩．史都華主持的《每日秀》——他都稱史都華是「好笑的傢伙」。他喜歡吃麥當勞的漢堡、薯條和巧克力奶昔，也愛吃披薩和冰淇淋。

亞歷山大在我撰寫這本書時還在吃奶，現在已經廿二歲了。他二〇一三年五月從賓州印第安納大學人類學系畢業，隨後搬去了匹茲堡市。二〇一二年九月，他和可愛的生物化學家老婆謝寧結婚。謝寧曾在某實驗室短暫工作過一陣子，成天擺弄果蠅，目前在匹茲堡大學工作，用老鼠研究神經發展。

我先生兼摯友史蒂芬目前是德拉瓦州社區心理健康、藥物濫用及賭博成癮計畫主任，每天周旋於病患、醫師、家屬、法官、警察和醫院行政部門之間。身為一名文化人類學博士，他覺得這門學問在他行政工作的各方面都大有用處。我和他一起撐起了這個家。

一九九九年，我被診斷出得了乳癌，決定離開德州農工大學，搬到德拉瓦和家人團聚。治療讓我徹底擺脫癌症陰影，繼續開始從事各種工作。我在賓州米勒斯維爾大學教了兩年書，並於二〇〇五年開始在德拉瓦大學兼課，同時持續在哺乳與泌乳期研討會及各大學發表演講。二〇〇九到二〇一二年，我兼了另一份工作，清晨在一家麵包店烘焙甜點。我經常帶家裡的兩隻標準貴賓犬楚門和尤里西斯到寵物公園遛達，並獨自進行一份無止盡的任務：去除攀附在樹上的侵略性藤蔓，免得樹木枯死。二〇一一年，我完成了一本文化人類學導論的教科書，書名為《文化人類學與人類經驗：生命的饗宴》，同樣交由威夫蘭出版社出版。二〇一二年到現在，我開始了一項新的研究寫作計畫，整理德拉瓦州立（精神）醫院一八九四年至一九一六年的病人入院資料及臨床紀錄，以便建立資料庫。這些資料都是手寫，記錄在五本精裝明細本裡。當年這間醫院不僅是各種精神病患的避風港，也是創傷性腦傷、發展障礙、癲癇、老年癡呆、梅毒、酒精和藥物成癮之人的庇護所。這些明細記錄了許多扣人心弦的故事，也充滿了令人心碎的事蹟。我希望能讓這些被人遺忘多年的生命重見天日。

16

馬利現況，二〇一三
Update on Mali, 2013

為了《跳舞骷髏》出版二十週年紀念，我想讓學生知道馬利的現況，了解這個國家在我一九九〇年最後一次造訪之後發生了哪些事，尤其是婦幼健康、人口統計、教育、女性閹割和發展計畫的演變。由於媒體廣泛報導了二〇一二年馬利北部爆發的圖阿雷格動亂，因此似乎也有必要交代一些馬利政治事件的背景。新的這一章將先介紹健康和人口統計等方面的數據。

為了讓讀者對馬利的資料更有概念，我選擇用美國和日本的類似數據做比較。選擇日本是因為它有許多項目的指標比美國齊全，並且能打破「美國在所有關於成功與發展的計量分數都名列前茅」的偏見。

我在比較這三個國家時，赫然察覺其中許多計量方式都帶有西方世界的偏見。為何識字率是國家發展度的重要指標，而多語文化不是？為何馬利女性接受女陰殘割的比例攸關婦女健康，美國婦女豐胸及陰部「整型」手術的比例奇高則否？為何馬利女孩十幾歲就結婚是問題，美國十幾歲女孩未婚懷孕就不是問題？西方的教育方式本質上就優於以技能為主的傳統學習方式嗎？因此在接下來的章節裡，我除了提供比較資料，還探討了這些資料的文化脈絡，並鼓勵學生批判思考，觀察全球其他地區的生活是如何經常以非常西方的標準來判斷與衡量。

本章第二節介紹馬利幾個重要發展計畫的現況，包括「免於飢餓」目前的工作。最後一節則是簡單介紹馬利的政治史及政府型態、二〇一二年圖阿雷格動亂的發生背景，以及簡略交代二〇一三年大選結果讓馬利重獲民主的經過。

比較數據

以下討論的數據均來自聯合國兒童基金會的「各國數據」網頁，除非另行註明。數據節錄時間為二〇一三年六月，網址：http://www.unicef.org/statistics/index_countrystats.html。

基本健康指標

◎節育

馬利人普遍還是想多生孩子，尤其是男人，加上已開發國家有的許多避孕法在這裡並不

表一：基本健康指標

基本健康指標	時間	馬利	美國	日本
節育率（%）	2007-2012	8	79	54
產前護理（≥一次）（%）	2007-2012	70	—	—
產前護理（≥四次）（%）	2007-2012	35	—	—
分娩護理：助產士（%）	2007-2012	49	—	—
分娩護理：機構接生（%）	2007-2012	45	—	100
分娩護理：剖腹產（%）	2007-2012	2	31	—
孕產婦死亡率：調整後（每十萬個活產）	2010	540	21	5
孕產婦死亡率：終身孕產死亡風險（每__分之一）	2010	28	2,400	12,200
低出生體重：低於2,500克（%）	2007-2011	19	8	8
早期親餵：產後1小時內（%）	2007-2011	46	—	—
純母乳哺育短於6個月（%）	2007-2011	38	16.3（來源：美國疾病管制中心）	—
嬰兒6至8個月開始餵食固體、半固體或流體食物（%）	2007-2011	25	—	—
母乳哺育至2歲（%） *美國數據為哺育至18個月，資料出處為美國疾病管制中心（2009年）	2007-2011	56	9*	—

基本健康指標	時間	馬利	美國	日本
新生兒死亡率：出生至28天（每千個活產）	2011	49	4	1
嬰兒死亡率：1歲以下死亡率（每千個活產）	1990 2011	132 98	9 6	5 2
幼兒死亡率：5歲以下死亡率（每千個活產）	1990 2011 2011（男／女）	257 176 182/169	11 8 8/7	6 3 4/3
出生時預期壽命	2011	51	79	83
體重過輕：中度至重度（年齡別體重）（%）	2007-2011	27	1	—
身高不足：中度至重度（年齡別身高）（%）	2007-2011	38	3	—
消瘦：中度至重度（體重身高比）（%）	2007-2011	15	0	—
體重過重：中度至重度（體重身高比，BMI≥ 25）（%）	2007-2011	—	8	—
維生素A補充普及率（%）	2011	96	—	—
碘鹽攝取（%）	2007-2011	79	—	—

容易取得，因此節育率極低一點也不奇怪。目前馬利女性仍然倚賴泌乳停經法來拉長懷孕間隔。

◎產前護理（懷孕與分娩）與生產

聯合國兒童基金會沒有蒐集和公布美國與日本在這方面的數據。馬利有七成婦女在懷孕期間至少尋求過一次護理協助，但多數人都認為懷孕是女人的必經之路，而非醫療問題。馬利婦女由「助產士」接生的有四成九，於醫院或地方產護中心等機構分娩的有四成五。世界衛生組織二〇一三年表示：

> 接生員（skilled birth attendant）是指被認證的醫護人員，如助產士、醫師和護士，接受過充分教育與訓練，具有處理一般（非複雜）懷孕、分娩及產後護理之技能，並能辨識新生兒與產婦的併發症，進行處理或轉診。傳統接生者不論是否受過訓練，均不在此列。

不過，馬利有不少傳統接生者懂得多、能力強，甚至能做到接生員做不到的事，例如可以不靠電子設備得知胎兒的健康狀況，懂得如何從母體外調整胎位不正的胎兒（外轉）以利分娩，或讓產婦趴著或蹲坐以撐大產道。

◎剖腹產

人類生來以雙足行走，腦部又大，因此面臨一個兩難，也就是所謂的**分娩困境**：為了維持女性雙足行走的效率，使得產道狹窄，不利胎兒和新生兒的頭部通過。打從人類演化之初，從史前到現代，不斷有婦女死於難產，即是因為胎兒頭部太大，無法擠過母親的骨盆。此外，有些胎兒是臀先露（雙腳、臀部和膝蓋在下）或和產道垂直，這些胎位不正的胎兒無法由陰道分娩，因而導致母親或胎兒殞命，甚至母子雙亡。因此，剖腹產（以外科手術從母親子宮裡取出胎兒）只要正確完成，就能救人性命。世界衛生組織指出，一個國家的剖腹產率應該在百分之十到十五，最能達成母子均安的結果。「剖腹產率低於百分之十的國家屬於使用不足，高於百分之十五的國家為使用過度。」（Gibbons et al. 2010）

根據聯合國兒童基金會報告，馬利的剖腹產率為百分之二，屬於使用不足。這或許是該國孕產婦死亡率偏高的原因之一。剖腹產使用不足的可能理由不少。首先，馬利許多地區的產婦及助產士（甚至醫師）可能無法判斷哪些情況需要剖腹產，或決定得太慢導致延誤了時機。其次，產婦及助產士可能來不及得到協助。就算他們知道需要剖腹產，也可能距離醫療單位太遠，來不及妥善進行手術。

反觀美國，剖腹產率為百分之卅一，遠高於世界衛生組織建議的百分之十到十五（Gibbons et al. 2010）。剖腹產使用過度同樣出於多重理由。首先，美國許多醫院及醫師害怕醫療疏失官司，因此只要分娩稍有異常就會選擇剖腹產。其次，美國有許多醫師不曉得如何妥善接生臀先露的胎兒，也不會處理剖腹生產後下一胎的陰道分娩和接生雙胞胎或三胞胎，因此遇到這些情況一律使用剖腹產。第三，有些產婦害怕陰道分娩的疼痛或在意陰道鬆弛，因此偏好剖腹產。

◎孕產婦死亡率

馬利的孕產婦死亡率高得令人心驚，每十萬個活產就有五百四十名產婦死亡。像馬利這樣的開發中國家，產婦的高死亡率有直接原因和間接原因。直接原因據估計占了七成五到八成，包括子癇、高血壓、產後出血、感染、敗血症、不安全流產、分娩過久或難產（母親死於失血過多或體力衰竭）。間接原因占兩成到兩成五，包括瘧疾導致貧血、其他因素（鉤蟲、維生素A缺乏症等等）導致貧血、愛滋病、各種營養不良、肝炎或糖尿病。

美國的孕產婦死亡率遠低於馬利，每十萬個活產有廿一名產婦死亡。日本更低，每十萬個活產只有五名產婦死亡。近來美國的產婦死亡率略有攀升，尤其是某些族群，包括非裔美國女性，以及年長、肥胖、罹患心血管疾病或糖尿病的女性。其中兩成八到五成據信是可以預防的，包括適當控制高血壓產婦的血壓、治療子癇前症產婦的肺水腫、剖腹產後更留意產婦的生命徵象及控制剖腹產後的出血等等（Joint Commission 2010）。

◎低出生體重

馬利的低體重新生兒比例為百分之十九，遠高於美國和日本的百分之八，主因為孕產婦營養不良及罹患瘧疾。此外，雖然應該影響不大，但異卵雙胞胎在西非遠較於美國和日本普遍，而雙胞胎往往早產或出生時體重偏低。

◎母乳哺育

聯合國兒童基金會蒐集了各年齡幼童的母乳哺育率，因為母乳哺育對所有社會的兒童健康都很必要和關鍵。可惜的是，不是所有數據都是依據相同定義在同一時間範圍內所蒐集，使得比較變得很困難。根據聯合國兒童基金會，馬利有四成六的新生兒於出生後一小時內便首次獲得母乳哺育，因為當地人認為這是標準或最好的做法。但美國和日本都沒有相應數據。六個月大之前的**純母乳哺育**，也就是只餵嬰兒母奶，在馬利的比例是百分之卅八，在美國只有百分之十六點三，而日本再次缺乏數據。馬利的兩歲孩童有百分之五十六還在吃母奶——兩年是世界衛生組織和美國家庭醫師學會建議的母乳哺育**最短**時間。聯合國兒童基金會沒有美國在這方面的數據，而負責蒐集母乳哺育資料的美國疾病管制中心只記錄到十八個月。二〇〇九年最近一次統計顯示，美國的十八個月大孩童只有百分之九還在吃母奶，遠低於建議的最短時間。

◎兒童死亡率

馬利各年齡兒童的死亡率都很高。在**新生兒**（出生頭廿八天）部分，二〇一一年的新生兒死亡率為每千個活產有四十九個新生兒死亡。美國的新生兒死亡率為每千個活產有四個新生兒死亡，日本更只有一個新生兒死亡。馬利新生兒死亡率偏高的原因有瘧疾、破傷風、腸胃疾病和呼吸感染。此外，有些有礙新生兒存活的先天生理缺陷（例如彼得的十二指腸閉鎖）只要動個簡單手術就能解決，但在馬利，這些孩童可能大多數都沒被診斷出來，就這樣喪命了。目前馬利有許多政府單位和非政府組織在推動各種計畫，希望降低孕產婦及新生兒的死亡率。

嬰兒死亡率是以每千個活產，有多少一歲以下嬰兒死亡計算，新生兒死亡也納入其中。根據資料，三個國家的嬰兒死亡率自一九九〇至二〇一一年都明顯下降，馬利的死亡率從一百卅二降到九十八，雖然相較於美國與日本依然非常高，但也顯示情況確實有所好轉。根據我一九八〇年代的親身經驗，我認為馬利有許多嬰兒死亡是因為一些可以透過疫苗接種而預防的疾病，如水痘、痲疹、腮腺炎、德國痲疹、破傷風和白喉。隨著預防接種計畫持續擴展，覆蓋率增加，嬰兒死亡率應該會再往下降。其他可能導致嬰兒死亡的原因還包括腸胃及呼吸感染。

幼兒死亡率是以每千個活產，有多少五歲以下幼兒死亡計算，嬰兒死亡也納入其中。和前述相同，資料顯示馬利幼兒的情況從一九九〇至二〇一一年大為改善，死亡率從兩百五十七降到一百七十六。和過去相比，這一點更明顯。我一九八〇年代初首次造訪馬利時，鄉村的幼兒死亡率將近五成，也就是鄉下小孩幾乎半數活不過五歲。醫療照護更容易取得，不論預防或治療皆然，加上飲水較為乾淨及幼兒哺育方式改善，這些都是讓更多馬利幼兒活過五歲的原因。然而，相較於美國每千個活產有八名幼兒死亡和日本的只有三名幼兒死亡，馬利每千個活產有一百七十六名幼兒死亡還是高得離譜，更別說美國二〇一〇年一到四歲幼兒死亡的兩大主因不是營養不良，而是（一）意外（即事故傷害）及（二）先天畸形、變形與染色體異常。不過，近年來部分非洲國家由於愛滋病盛行，導致幼兒死亡率提高。此外，從以前到現在，不論人種皆然，男童死亡率都略高於女童。

◎出生時預期壽命

出生時預期壽命直接受到人口中的嬰幼兒死亡人數影響，由於馬利的嬰兒及幼兒死亡率仍然偏高，因此比起美國人的出生時預期壽命是七十九歲，日本人是八十三歲，馬利人的出生時預期壽命只有五十一歲並不令人意外。這不代表馬利人都活不過四十多或五十多歲，而是由於幼兒死亡率太高，拉低了平均死亡年齡。馬利小孩只要能活過五歲，免疫系統都強得嚇人，預期壽命為六十五歲（二〇一〇年全球預期壽命統計）。由於缺乏現代醫護科技，例如輸血、靜脈注射藥物與養分、抗生素及癌症化療，馬利活過八十歲的人不多。

◎成長差異

聯合國兒童基金會提供了馬利和美國中度至重度**體重過輕**（年齡別體重過輕）、**身高不足**（年齡別身高過矮）及**消瘦**（低體重身高比）孩童比例的數據，以及美國中度至重度體重過重（BMI≥25）的孩童比例。據該會統計，百分之廿七的馬利孩童體重過輕（美國只有百分之一），百分之卅八身高不足（美國為百分之三），百分之十五消瘦（美國為零）。而在天平另一端，美國有百分之八的孩童屬於中重度體重過重，馬利則無這方面的數據。我在馬利做研究兩年多，確實遇過一名體重過重的馬利小孩，但比起美國，馬利孩童顯然沒有肥胖問題。長期資料顯示，馬利孩童的營養狀況過去二十年來改善緩慢而穩定。由於當地有太多組織推行各種計畫，因此很難判斷這些改善有多少直接或間接出於我的研究，我在稍後章節會介紹幾個目前正在馬利進行的提升孩童存活率、營養及健康的計畫。

◎維生素A及碘補充

維生素A缺乏症是我和照護計畫於一九八九至一九九〇年在馬利北部鄉村一起進行的研究項目之一。我們發現孩童及孕婦都有維生素A缺乏症的問題，孕婦尤其嚴重。照護計畫及其他組織推行了許多維生素A補充計畫，並在馬利全國各地鄉村宣導多吃富含維生素A的食物。根據聯合國兒童基金會二〇一一年的統計，百分之九十六的馬利人都有攝取足夠的維生素A。維生素A攝取充足有助於對抗多種腸胃及呼吸疾病。目前高且充足的攝取率顯然對馬利人的整體健康改善大有貢獻。

一九八九年，我在馬利南部鄉村進行研究，發現當地人由於碘攝取量不足而大量罹患甲狀腺腫。當時幾乎沒有人處理這個問題。不過，根據聯合國兒童基金會二〇一一年的統計，百分之七十九的馬利人都有攝取碘鹽。由於幾乎所有人做菜都會用鹽，因此在鹽裡加碘向來公認是最簡單也最有效的方法。我想，要是我現在重回馬利，看到甲狀腺腫的機會應該會小很多。維生素A及碘缺乏在美國和日本都不是嚴重的飲食問題，因此聯合國兒童基金會沒有提供這兩國的數據。

◎馬利孩童健康的新問題

醫療人類學者凱洛琳．薩貞特二〇一一年到馬利擔任顧問。她回美國後，我問她當地孩童有沒有遇到什麼新的健康問題。薩貞特除了對馬利北部出現「伊斯蘭馬格里布蓋達組織」成員感到憂心之外，還提到巴馬科近年來罹患呼吸疾病的孩童日益增加。一般認為這主要有兩個原因，一是首都的汽車與卡車增加，導致空氣汙染惡化，二是更多人使用煤炭煮飯或當燃料，不再使用木柴（Sargent 2011）。

人口組成及社會指標

◎人口規模

二〇一一年，馬利人口逼近一千六百萬，並且自一九九〇年以來，便以百分之三的年增率成長。美國和日本的人口都多於馬利，但美國人口年增率只有百分之一，日本則是自一九九〇年便穩定零成長，預估未來也將如此。不過，人口年齡結構比總數更重要。如同表二所示，二〇一一年馬利十八歲以下人口只占半數多一點，五歲以下人口則占百分之十九。這是開發中國家常見的人口結構，因為嬰幼兒死亡率依然偏高，活過八十歲的人也很少。反觀美國，十八歲以下人口只占百分之廿四，日本更少，只有百分之十六。至於五歲以下人口，美國是占總人口的百分之七，日本則占百分之四。這些都是已開發國家常見的人口結構，因為幾乎沒有嬰幼兒夭折，活過八十歲的人也很多。事實上，日本人的出生時預期壽命高達八十三歲，許多人對此表達憂心，孩童和青壯年工作人口不足將使全體社會面臨困境。日本政府擔心女性晚婚，甚至不婚，就算結婚也會選擇不生或只生一胎，因此研擬了不少政策與方案，例如補助日託，以刺激生育率。但在開發中國家，重點仍然是協助女性取得和男性同等的受教與受僱機會，同時提供節育方法，讓女性得以選擇是否生育及何時生育。

表二：人口組成及社會指標

人口組成及社會指標	時間	馬利	美國	日本
人口總數（單位：千人）	2011	15,840	313,085	126,497
18歲以下人口比例（%）	2011	54	24	16
5歲以下人口比例（%）	2011	19	7	4
人口年增率（%）	1990-2011	3	1	0
預估人口年增率（%）	2011-2030	3	1	0
粗死亡率（%）	1970/1990/2011	30/21/14	9/9/8	7/7/9
粗出生率（%）	1970/1990/2011	49/49/46	16/16/14	19/10/8
總生育率（%）	1970/1990/2011	7/7/6	2/2/2	2/2/1
都會人口比例（%）	2011	35	82	91
國民人均所得（美元）	2011	610	48,450	45,180
成人總識字率（%）	2007-2011	31	—	—
小學淨入學率	2008-2011	66	96	100

◎死亡率、出生率與生育率

這些數據就說明了一切。**粗死亡率**是該年每千人中的死亡人數。馬利一九七〇年粗死亡率為三十人，高居三國之冠，但隨後明顯下降，一九九〇年降到廿一人，二〇一一年再降為十四人。同一時期，美國的粗死亡率大致持平或微幅下降，從一九七〇年的九人降到二〇一一年的八人。日本的粗死亡率則是不降反升，從一九九〇年的七人提高到二〇一一年的九人，可能是人口結構老年化的緣故。雖然馬利的死亡率持續下降，**粗出生率**卻幾乎沒有變化。**粗出生率**是該年每千人中的出生人數。馬利的出生率只微幅下滑，從一九七〇年的四十九人降到二〇一一年的四十六人。這是**人口轉型**初期的典型變化，先是死亡率下降，幾年後隨著生育行為改變，出生率也跟著下降。這代表馬利人口短期內將持續成長。相較之下，美國的粗出生率從一九七〇和一九九〇年的十六人微幅降到二〇一一年的十四人，日本同一時期的出生率則是劇烈下降，從一九七〇年的十九人先降至一九九〇年的十人，再降為二〇一一年的只有八人。

總出生率反映了每位女性通常生育幾名兒女。在數據所顯示的三個時期，馬利的總出生率從七人降為六人，美國維持兩人，日本從兩人降為一人。一般認為總出生率要達到二點一才能維持人口替代。我們很難判斷馬利的數據是否確實反映了總出生人數，尤其是鄉村。當年在馬利做研究時，我發現當地婦人不願談論流產、死胎和新生兒死亡，甚至不願多談年紀較長的夭折小孩。假設二〇一一年馬利女性每人平均生育六個小孩，而且多數都存活下來，那將和之前世代大不相同，當時小孩生得更多，也死得多。

◎都會及鄉村人口分布

據二〇一一年的都市化資料顯示，大多數馬利人仍然住在鄉下，以務農、遊牧或河岸捕魚為生，只有百分之卅五的人口住在都市。鄉村人口移往都市一直是全球許多人類學研究的焦點。美國的都市人口大幅攀升，二〇一一年有百分之八十二的人口被歸為住在都市，日本更是近乎完全都市化，有百分之九十一的人口住在都市。雖然都市更有機會取得西式教育和自給農業之外的工作機會，但也有其缺點，包括需要工作才能支付食衣住行、空間擁擠及犯罪率較高等等。「都會繁華」的魅力吸引了許多人，尤其是青壯年，離開傳承數百到數千年之久的鄉村生活，投入大城市的懷抱。

◎國民人均所得（美元）

國民人均所得是全國全年所得除以總人口，反映的是國民平均收入，有助於理解該國一般生活水準。不過，不論一國是與自己或與他國比較，這個數字有時很容易造成誤導。馬利二〇一一年的國民人均所得為每年六百一十美元，美國則是高達四萬八千四百五十美元，日本為四萬五千一百八十美元。

國內所得很少分配平均，通常是多數財富掌握於少數人手中。美國所得前百分之一的人握有全國總所得的百分之廿四，所得不平等於一九七〇年代到達低點之後開始迅速擴大。由於馬利有非常多人不在貨幣化經濟體制之內，使得國民人均所得能提供的訊息不多，不論就馬利自身或與他國比較都是如此。不用說，住在都市領薪水的馬利人掌握了大多數的貨幣所得，但馬利也和美國及其他國家一樣，不同地區的生活開銷往往差距驚人。以二〇一三年的美國來說，年收入五萬美元的家庭在某些地區（如南部、中西部農村）絕對可以過著中產到中高產階級的生活，但在東西岸的大城市（如波士頓、紐約、洛杉磯和舊金山）就沒辦法。

反觀馬利鄉村，幾乎所有人都從事自給農業，將大部分時間力氣花在種植作物、牧養牛群或捕魚以取得食物。他們會自己用泥磚和茅草蓋房，免去付房租或房貸的負擔。那裡沒有電力和瓦斯，所以不用付電費與瓦斯費，也不需要洗衣機或吸塵器之類的電器用品；沒有網路和電視，所以不用付第四台費用；沒有車，所以沒有車貸，也不必花錢加油、付保險和維修費。目前馬利已經很少有人種植棉花，自己紡織衣服，但他們通常只有幾套衣服。在西方人眼中，鄉下馬利人可能是「赤貧」，但也可以說他們未受西方的膚淺物質主義汙染，未曾拜倒於需要花錢購買最新地位象徵（電腦、手機、電視、車子、衣服、度假等等）的暴政之下。人類學者喬恩・霍茲曼在二〇〇七年出版的《努爾人的旅程與生活：蘇丹難民在明尼蘇達州》描述了蘇丹移民在美國生活所遭遇到的巨大挫折。這些移民不習慣必須掙錢滿足吃與住的基本需求，也不習慣必須長途開車或搭公車去工作。博德曼基金會（Bertelsmann Stifung, http://www.bti-project.de/）的二〇一二年馬利報告詳細分析了馬利的最新經濟狀況，有助於理解生活在一個國民人均所得只有六百一十美元的國家是什麼模樣。

◎識字率與入學率

人口識字率和孩童就讀西式學校的比例常常被當成發展指標，這反映了西方人強調書寫及正規學校教育的觀點，認為學習就是坐在教室裡聽老師滔滔不絕，即使課堂講述內容往往跟實際的應用扯不上邊。因此，雖然馬利近年來在這些方面的數據偏低——成人識字率只有百分之卅一，小學入學率則為百分之六十六——但詮釋時必須放進文化脈絡裡來分析。

成人識字率是指十五歲以上能讀寫的人口比例。聯合國兒童基金會的馬利識字率數據可能是指法語讀寫，因為這是馬利殖民時期的官方語言，目前也仍是馬利多數公立學校所使用的語言。馬利最多人說的班巴拉語直到一九八〇年代末期才有文字，目前公立學校是否除了法語之外也教班巴拉語的讀寫，我們不得而知。超過三分之二的馬利人被列為「文盲」，但其中有些人是會讀不會寫法語，有些則是會讀寫班巴拉語或其他語言。此外，絕大多數馬利人都能說數種語言：班巴拉語（有些人是母語，有些人用作西非的通用語）、法語、英語和至少一種馬利本土語言，例如富拉語、桑海語、博若語、多貢語、塔馬謝克語和西闍語。若是不用識字率，而改以成人會說幾種語言作為發展指標，許多西方國家（尤其美國）分數都會很低。

聯合國兒童基金會並未提供美國和日本的數值，但根據其他資料來源，兩國的識字率都在百分之九十七以上。不過，識字率同樣可能造成誤導，因為不同研究對識字率的定義各不相同。不少研究顯示美國高中畢業生的閱讀能力只有五到七年級的程度，另外還有不少研究顯示大學生往往缺乏大學所需的讀寫及數學能力，必須上補救課程。因此，相較於美日兩國的百分之九十七以上識字率，我們很難從馬利的百分之卅一識字率裡看出馬利人日常生活的端倪。

在入學率的比較上也會遇上同樣的麻煩。除了接受西式的正規課堂教育，學習知識、批判思考和實務技能還有許多其他管道與方法。在全球許多地方，孩童向來都是透過正式或非正式實作，藉由觀察和練習來學會他們所需的知識與技能。在馬利鄉下，大多數農村孩童十幾歲時就已經具備成人所需的大部分知識了，有些甚至更早。他們懂得大量實務技能，也有充分機會磨練和精進自己的能力。女孩們學習種植作物、處理食材、煮飯、汲水、砍柴和照顧幼兒，有些專精於草藥和（急救用）整骨，有些成為陶藝或紡織高手（Frank 2007）。男孩們同樣學習種植作物，有些很小就開始接觸皮革、金工與木工，或學習編織、跳舞、狩獵和領導別人。若和「會說多少種語言」一樣，用「十五歲能執行多少成人日常事務」當成發展指標，馬利青少年肯定分數極高，而美國和日本青少年分數奇低。對於馬利少女耕作、收成、處理和烹煮食物的持家本領，以及美國少女解釋南北戰爭起因、運算代數、認得史坦貝克和分享臭臉貓咪相片的能力，我們還不曉得如何比較才正確（註：多年以後要是還有人讀這本書，肯定會覺得二〇一三年的人類到底在想什麼，竟然只拿電腦和網路來分享臭臉貓咪的相片）。

女性及孩童保護

◎童工

討論數據之前，必須先解釋聯合國兒童基金會對童工的定義。以下一字不漏直接摘自該會網站：

童工——調查期間從事童工的五到十四歲孩童之比例。符合以下條件的孩童，即視為從事童工：（一）調查前週從事至少一小時經濟活動或廿八小時家務的五至十一歲孩童，（二）調查前週從事至少十四小時經濟活動或四十二小時經濟活動及家務的十二至十四

表三：女性及孩童保護

女性及孩童保護	時間	馬利	美國	日本
童工（%）	2002-2011	21	—	—
童婚：15歲（%）	2002-2011	15	—	—
童婚：18歲（%）	2002-2011	55	—	—
女陰殘割普遍率：成年女性（%）	2002-2011	89	—	—
女陰殘割普遍率：女兒（%）	2002-2011	75	—	—
女陰殘割支持率（%）	2002-2011	73	—	—
合理毆妻支持率（%）	2002-2011	87	—	—

歲孩童。

這又是一個發展指標受到西方文化影響的例子。不論是對童年的見解，或是對各種工作的評價，都能見到西方文化的影子。礙於篇幅，我無法在此徹底拆解這些預設，因此只簡單提出幾點，刺激各位對這些議題的批判思考與討論。從定義看來，聯合國兒童基金會想必認為童工是「壞事」，孩童應該坐在教室裡或遊戲玩耍，而非工作養活自己和家人。我不曉得採收洋蔥一小時和練足球一小時要如何比較，也不曉得洗衣服一小時和打電玩一小時孰優孰劣。更神奇難解的是，一小時「經濟活動」為什麼可抵廿八小時家務？我只能假定這反映了對傳統女性家務的輕視。為什麼每週工作一小時，例如一名美國十歲小孩以最低薪資送報或遛狗，可以等於洗碗、煮飯、打掃、洗衣服、吸灰塵和做其他家務廿八小時？你怎麼拿一週七天，每天家事四小時，跟一小時「經濟活動」做比較？

馬利人認為小孩只要有能力了，就應該盡力協助家務與生產活動。尤其是少女，她們很早就要開始幫母親的忙，分擔家事與照顧幼兒的責任。在馬利不難見到六歲女孩照顧一歲的弟弟或妹妹，讓母親在田裡或家裡做比較粗重的活兒，或去市場賣東西。美國大多數小孩都不用負這些責任，連**如何分擔**家務的概念都沒有，更別說動手做了，而這不一定是好事。許多美國大學新鮮人既不會煮飯，也不會洗衣服、打掃房間和理財。別誤會，我不是支持孩童在危險的血汗工廠工作，每天坐在機器或生產線前十二到十四小時沒有休息，也沒有足夠的水和食物，或是在採石場或礦坑工作。聯合國兒童基金會顯然沒有蒐集這類童工的資料，但是當他們表示馬利有百分之廿一的孩童從事童工時，讀者必須知道這些工作多半不是血汗工廠或礦坑。儘管聯合國兒童基金會沒有提供美國和日本的數據，但這兩個國家也有孩童至少會為家人從事家務或生產活動。

◎童婚

聯合國兒童基金會想必不贊同童婚，或視之為落後與不發達的指標。該會以兩種方式統計童婚，一是十五歲女性的結婚比例，二是十八歲女性的結婚比例，而且只有馬利的資料，分別是百分之十五及五十五。這表示馬利有半數以上的女性在十八歲以前結婚，因此首婚年齡的中位數應該低於十八歲。以這些數據作為女性權利與地位的指標，是可以理解的。從許多方面來看，早婚都會妨礙女性的教育機會和工作成就。此外，早婚往往會早生育，而十幾歲的年輕媽媽分娩時更容易出現併發症，或生下體重過輕的嬰兒。若她們嫁給年長許多、性經驗豐富的男性，還很可能感染性病。但當社會普遍認為女性就是要為人妻母，而且不論男女都很少上大學或當上班族，馬利半數以上女性於十八歲以前結婚是否真的對女性不利，這點就不大好說了。

從其他資料來源觀察美國和日本，則會發現一些很有意思的地方。美國人首婚年齡的中位數是找得到的，統計時間從一八九〇年到二〇一〇年，按性別區分（Elliott et al. 2012）。一八九〇年男性首婚年齡中位數為廿六點五歲，之後數十年持續下降，到了一九四〇年代降幅更大，一路下探到廿四歲。一九五〇到一九七〇年數字維持不變，之後開始提高，先緩步增加，到了二〇〇〇年升幅加大，二〇一〇年來到廿八點四歲，高於一八九〇年的廿六點五歲。一八九〇年女性首婚年齡中位數為廿三點六歲，之後數十年持續下降，至一九四〇年代降幅加大，一路下探到二十點五歲，隨後開始提高，比男性早了數十年，同樣先緩步增加，到了二〇〇〇年升幅加大，二〇一〇年來到廿六點八歲，高於一八九〇年的廿三點六歲。

最近數十年，美國的非婚生子女比例持續上升。一九四〇年，非婚生子女只占新生兒的百分之五不到，到了二〇一〇年已經上升到百分之四十點八。這些非婚生子女當中，百分之廿三的母親是少女（Ventura 2009，資料為二〇〇七年）。換個角度說，十五到十七歲的年輕母親有百分之九十三是未婚生子，十八到十九歲的年輕媽媽則有百分之八十二。因此雖然「童婚」在美國很少見，有資料指出美國十八歲以下結婚的女性只有百分之一點五，但未婚生子的青少女很多。在我看來，十幾歲未婚生子對於年輕女性完成學業離家工作的戕害，其實不下於馬利的童婚。

相較之下，日本就很不一樣了。二〇〇三年資料顯示，日本男女首婚年齡中位數皆為全球最高（Kawamura 2009），男性為廿九點四歲，女性為廿七點六歲，比二〇一〇年美國女性首婚年齡中位數高了將近一歲。日本女性絕大多數還是會先結婚再生小孩，過去四十年來的「非婚生」子女只占新生兒的百分之一到二，而傳統的性別角色將家事和照顧孩子的責任幾乎完全交給女性，不僅增加了結婚成家的困難，也讓女性難以在家庭之外就業，使得婚姻對追求學業與職涯的年輕女性失去了吸引力。

因此，如果目標是用延緩結婚生子來增加女性追求學業與職涯的機會，那麼馬利確實表現欠佳，因為有許多女性早婚，而美國也好不到哪裡去，因為有許多少女未婚生子。日本似乎「做對了」，但如同上述，低出生率本身也是問題。

◎女陰殘割

本書之前提過，女陰殘割是馬利由來已久的傳統，多數女孩在嬰幼兒階段就會切除陰蒂。二〇〇二年，馬利政府推出一項全國計畫（全國對抗割禮計畫）勸阻女陰殘割，但十年來幾乎毫無成效。根據聯合國兒童基金會二〇〇二至二〇一一年的資料，馬利受割禮的女性為數驚人，有百分八十九的成年女性和百分之七十五的家中女兒做過女陰殘割。基本上，百分之七十三的受訪馬利人支持女陰殘割，認為唯有如此才能被社會接受，也是女性特質的恰當表現。

聯合國兒童基金會沒有美國和日本的女陰殘割數據，但不表示沒有。美國不時傳言有移民家庭因為想替女兒進行傳統的女性割禮而遭受批評，甚至被捕，但非常少見。然而，美國存有其他形式的女陰殘割，有些還愈來愈普遍。一九九〇年代以前，美國女性常在分娩時以手術切開陰道口以利生產，也就是會陰切開術。理論上，這個手術能增加胎兒頭部離開產道時的空間，待分娩完後，醫師會將切口縫合，使得陰道開口更小。這樣做純粹是為了丈夫的性愉悅，往往未經妻子同意或知情就做了。

最近幾十年，會陰切開術在美國逐漸失去市場，但陰蒂和陰道整型之類和生育無關的手術卻開始盛行。媒體鼓吹女性縮小陰唇（提升魅力）、割除陰蒂包皮（據說能提高女性本身的性愉悅，更快高潮）和緊實陰道（增加伴侶的性愉悅）。想更了解廣告如何宣揚這樣做是「女性寵愛自己」，請見 http://www.clitoralunhoodinh.com/clitoral-unhooding.html。

美國除了愈來愈流行這些女陰殘割手術，女乳殘割（豐胸手術等等）和其他「塑身」整型手術也持續發達。根據美國美容外科學會二〇一三年的報告：

> 隆乳於二〇一一年下滑至第二後，二〇一二年再次成為美國最多人做的外科手術。這一點也不奇怪。上衣開口變大變低，都使得女性追求誘人的乳溝。此外，二〇〇六年矽膠植入重回市場，可能也是隆乳手術增加的原因之一。女性向來偏愛矽膠植入，因為外觀和觸感都更自然。二〇一二年全美進行了卅六萬九千九百廿八次豐胸手術，二〇一一年

為卅一萬六千八百四十八次（ASAPS 2013）。

美國二〇一二年進行了一百七十萬次整型手術，比二〇一一年的一百一十萬次還多。其中九成的手術對象是女性，以隆乳最多，其次是抽脂、皮下脂肪切除（小腹）、眼皮手術和隆鼻。

或許有人會說，比起馬利女性的女陰殘割，美國女性做的這些手術就算不是全部，也幾乎都是出於成年女性的自由選擇。但「自由選擇」這個概念本身就有問題，因為文化會帶來巨大的社會、家庭與同儕壓力，甚至女性本身都會期望自己符合文化對美和苗條（但乳房又要豐挺）的不自然想像。聯合國兒童基金會要是能納入國際美容外科學會的資料，告訴我們全球各地有多少女人以手術改變自己的身體以符合社會對美的要求與男性的性喜好，肯定能發人深省。想也知道，二〇一一年的資料顯示，美國是全球整型手術次數最多的國家，其次是巴西、中國與日本（ISAPS 2011）。

◎支持合理毆妻

最後一項數據是百分之八十七的馬利女性支持「合理毆妻」，但這一點同樣需要放入文化脈絡裡解釋。由於我在自己寫的文化人類學導論教科書裡就是用「馬利毆妻」為例，說明文化信念與社會結構的區別，因此我在這裡直接引用書中段落：

文化信念和建立在文化信念之上的社會結構不一定總是相輔相成。社會結構是指社會生活的體制、傳統與組織。這些體制、傳統與組織雖然源自文化信念，後來卻多少獨立於文化信念而存在。所有生於其中的人不論同不同意其背後的文化信念，都必須面對這些結構。此外，文化信念如何以具體行為展現出來，也可能受社會組成方式左右。

家庭暴力（一方伴侶對另一方施加身體傷害）就是一個很好的例子。根據我一九八〇年代對西非馬利班巴拉族群的研究，當地人普遍認為男人有權教訓妻子。只要妻子做了不該做的事，或該做的事沒做，或不尊重丈夫，先生就可以打她。當地人認為這樣做合情合理，是男人的權利。反觀美國人當時（現在依然如此）普遍認為家庭暴力就是不對，任何情況動手都沒道理，做了就該受刑事懲罰。毆打配偶的人會被眾人不齒，每年也有許多人因為施暴而入獄。

根據這兩種迥異的文化信念，你可能推想家庭暴力在馬利比在美國常見。結果不然。儘管馬利人認為體罰是回應不當行為的合理手段，也很適當，但他們的生活幾乎每天都在大庭廣眾下進行。大多數成年男性會和父母、兄弟、妻子（或妻子們）、兒女和兄弟的妻兒們同住，白天幾乎所有活動都在戶外，在合院的院子裡進行。要打老婆可以，但就得在一票大人與小孩面前做，包括自己的父母與兄弟。如果只打一、兩次，其他家人通常不會介入，但只要覺得男人可能下手過重，就一定會制止他，而妻子也可以向合院裡的大人們求助，或直接逃到街上，讓丈夫的兄弟攔住他。馬利男人通常會克制自己，因為他不想被人看成暴躁易怒的傢伙，容易情緒失控。因此，儘管馬利人允許毆妻，卻很少發生。

反觀美國，儘管文化信念認為暴力是錯的，但已婚伴侶通常自成一家，身旁沒有其他成人聽見、看見或干涉他們的行為。他們要麼住在獨棟房舍，左鄰右舍都聽不見對方的動靜，要麼就住公寓，鄰居通常不想多管閒事，也不會報警，深怕施暴者遷怒報案的鄰居。由於家庭暴力被視為醜事，使得妻子更常選擇隱忍，不告訴別人，導致暴力反覆發生。施暴者甚至說服妻子或女友相信被打是她們的錯，對她們說：「男人是不該打女人，但媽的是妳讓我別無選擇！」由於沒有旁人目睹暴力，無法維護妻子或攔住丈夫，使得妻子可能深受重傷，黑眼圈、骨折、流產甚至喪命。

因此，儘管馬利文化允許男人體罰妻子，處處公開的日常生活反倒讓嚴重的家庭暴力絕少發生，不會有骨折、死亡與長年挨餓，也不會因為長期情緒暴力而精神失常。美國文化雖然反對體罰，與外隔絕的家庭生活卻讓男人有機可乘，可以重傷甚至殺害妻子，而鄰居卻一無所悉（Dettwyler 2011:7-8，引文經過編輯）。

顯然在聯合國兒童基金會調查期間（二〇〇二～二〇一一），馬利多數女性依然認為男人被冒犯時有權毆打妻子。但幾乎能肯定的是，實際上家庭暴力在美國比在馬利更普遍，也更嚴重。遺憾的是，我們很難找到可供比較的數據，精確呈現各國不同時期的家暴率。首先，所有國家都有大量家暴事件沒有曝光。其次，調查提問的方式往往只會取得無用的資訊，例如詢問受訪者是否（一次也算，許多年前也算）曾被伴侶攻擊，以至於約會酒醉後的一拳跟長期持續刻意毆打沒有差別，某次吵架被抓傷手臂也跟強暴毆打至昏迷沒有兩樣。最後，各家調查機構蒐集資料方法不一，使得比較一九九〇年代和二〇一〇年代的資料變得毫無意義。家庭暴力不像營養不良或就學率，不論資料蒐集或呈報都還沒有統一標準。

發展計畫

馬利有許多政府單位和非政府組織持續推行計畫，希望永久改善人民生活。如同前述資料顯示，自我一九八〇年代初首次造訪之後，馬利有了緩慢而穩定的進步。死亡率下降了，尤其是新生兒及嬰幼兒。孕產婦死亡率降低，預期壽命提高，營養不良的比例也減少了。婦女比過去更能為自己或孩子取得疫苗及其他基本醫療，一些頗具創意的計畫也在展開，協助女性更有機會接受教育和創造收入，或增加傳統食物的營養價值。本節簡單介紹幾個目前在馬利進行的健康與營養計畫。

免於飢餓

「免於飢餓」始終是開發馬利的主要角色。他們於一九八九年推行著名的教育信貸計畫，在泰國和馬利各有五十名婦女參與（我在多貢的研究便在其中），如今已經成為橫跨非洲、亞洲和拉丁美洲的龐大計畫，共有十七個國家、一百六十多萬人參與。

有充分證據顯示，免於飢餓的教育信貸計畫確實大幅改善了婦女與孩童的生活，包括孩童營養狀況的改善。克里斯・鄧福德二〇一三年六月十三日在部落格貼文〈證據計畫：微型貸款和全球飢餓告訴我們的事〉，文中的「更新」概略介紹了計畫成果（Dunford 2013）。鄧福德博士一九八四年至二〇一二年在免於飢餓工作，是教育信貸計畫的共同創辦人，也是免於飢餓一九九一年至二〇一一年的主席，目前則是獨立顧問。其他相關出版品包括麥克奈利和華特森（MkNelly and Watson 2003）及美洲樂施會報告（Oxfam 2013）。

二〇〇九年，免於飢餓推出新計畫，將他們從信貸教育計畫學到的微型貸款與金錢管理的經驗傳承給下一代。新計畫名稱為「青年整合式微型貸款推進方案」，由免於飢餓與萬事達卡基金會共同推動。免於飢餓在官網表示：

青年整合式微型貸款推進方案將在西非馬利徵集兩萬兩千名年輕人參與。馬利年輕人多半住在鄉下，飲用水及電力缺乏。免於飢餓在當地的合作夥伴涅西吉索和孔多吉·奇馬（信用合作社聯盟）、彤努斯與教育行動委員會也將加入資源與地方專業，支援推廣計畫。由於馬利的早婚傳統，許多青春期少女十九歲以前就會結婚懷孕。這些女孩有三分之二是文盲，而同齡男孩也有半數不識字。當地的貧窮與長期飢餓太過普遍，健全的金錢管理與儲蓄習慣將能幫助青年整合式微型貸款推進方案的參與者累積及保護資產。

免於飢餓的官網（http://www.freedomfromhunger.org/mali）提供了所有計畫的背景資料與最新進展。本書每年的版稅收入有部分會捐給免於飢餓，也歡迎讀者踴躍捐款。

諾華：一九八〇年代初期至二〇〇〇年

另一個大力推動馬利醫療發展的機構是諾華公司。諾華公司總部設在瑞士巴塞爾市，一九九六年由兩家瑞士公司——汽巴嘉基和山德士——合併而成，專注於醫療研究、發展與執行，項目包括新藥、眼睛護理、學名藥、預防疫苗以及營養改良研究。基於企業責任，諾華成立了永續發展基金會，一個「透過多種方案、計畫、對話、串連活動與智庫研究，致力以人性面貌推動全球發展的……非營利組織」。

約翰．許爾林是諾華的主要研究人員，自一九八〇年代初期至二〇〇五年退休為止，不斷努力提高馬利農作物與斷奶後食品的營養價值。他曾先後效力於國際半乾旱熱帶作物研究中心、諾華和先正達。服務諾華期間，他是永續發展基金會的科學顧問。

許爾林博士在馬利參與了諾華的數項計畫，協助改善嬰幼兒的營養狀況，而且只使用當地可以取得的技術。其中一項計畫是教導婦女在傳統的小米粥裡添加從豇豆取得的蛋白質，作為嬰兒的斷奶食物。另一項計畫是利用發麥（使穀粒發芽）增加小米粥的熱量密度。第三項計畫和諾華的「視力與生命」計畫共同進行，目的在為馬利人的飲食找出更好的維生素A與C的來源。野生猴麵包樹的葉子通常曬乾後搗碎，當成佐醬使用。研究人員發現葉子較小的猴麵包樹比葉子較大的猴麵包樹更富含β胡蘿蔔素，而且如果優先採收小葉猴麵包樹，並在林蔭下陰乾，而非日照曬乾，維生素A（β胡蘿蔔素）含量更高。於是，研究人員製作了一系列宣導廣播，鼓勵村民選擇小葉猴麵包樹，並在林蔭下陰乾（Scheuring et al. 1999）。此外，研究還發現市場販售的猴麵包葉粉的β胡蘿蔔素含量低於預期，調查後發現原來是攤販經常在猴麵包樹葉粉裡「摻水」，加入大而無用的充填物，使得營養含量降低。因此，研究人員鼓勵村民直接去摘野生猴麵包樹的葉子，自己加工搗碎，不要購買市場販售的葉粉。

除了葉子，馬利人還會用猴麵包樹的果實製作多種食物。猴麵包樹的果實富含維生素

C，許爾林和他同事發現，由於基因變異，猴麵包樹果實的維生素C含量起伏甚大，但要如何確保村民獲得果實富含維生素C的猴麵包樹呢？許爾林表示，「我們已經在馬利塞古區的欽札納研究站進行實驗，將維生素C含量最高的猴麵包樹，嫁接到年輕的猴麵包樹上。這片『維生素C』樹園未來或許是薩赫爾區維生素C樹園嫁接用嫩枝的重要來源（Sidibé et al. 1996）。」（Scheuring et al. 1999）

諾華：二〇〇〇至二〇一三年

近幾年來，諾華將他們在馬利發展計畫的重心轉向改善初級醫療，希望達成八大「千禧年發展目標」的其中七個：

二〇〇〇年九月，全球領袖齊聚紐約聯合國總部，依據聯合國十年來各大會議及高峰會的成果，共同發表了《聯合國千禧年宣言》，並推出「千禧年發展目標」，將致力團結各國共同消弭赤貧，於限時內達成目標。「千禧年發展目標」共有八項，包括普及小學教育、將赤貧及愛滋病人口減半等等，都要在二〇一五年達成。世界各國及各大發展機構都認同這份計畫，並已動員空前的人力物力，以滿足全球赤貧人口的需求。（http://www.un.org/milleniumgoals/）

表四：諾華2013年針對七項千禧年發展目標於馬利推行的各項計畫

千禧年發展目標	諾華於馬利推行的計畫
1 消除赤貧與飢餓	推行鄉村收入創造活動，例如種植痲瘋樹、生產雞肉和牛奶；推行婦女收入創造活動；推行對抗兒童營養不良的計畫。
3 推動性別平等，女性培力	貸款給婦女團體；訓練婦女成為村里衛教人員，推行健康教育宣導。
4 降低兒童死亡率	兒童預防接種，村里預防及治療服務；改善醫療品質（包含兒童健康）；健康保險；推行對抗兒童營養不良的計畫。
5 改善孕產婦健康	改善醫療品質（包含孕產婦健康）；健康保險；產前諮詢；村里預防及治療服務。
6 對抗愛滋病、瘧疾和其他疾病	方便取得醫療；健康保險；村里預防及治療服務。
7 確保環境永續	健康中心裝設焚化爐；種植痲瘋樹以促進碳吸存及再造林。
8 全球合作促進發展	跟地區及地方健康和社會發展單位、馬利技術相互支援聯盟及日內瓦大學合作。

想知道諾華永續發展基金會更多資訊，請見 http://novartisfoundation.org/。

先正達基金會：二〇〇六至二〇一二年

二〇〇〇年，諾華將農業業務（諾華農產企業）獨立出來，和捷利康農業化學公司合併，組成先正達。先正達成立後不久，便終止了他們在馬利的所有營養相關計畫（Scheuring 2013），但持續在該國推行數項發展方案。

二〇〇六年，先正達基金會推出了「永續農業振興計畫」，執行到二〇一二年結束。計畫起先著重於高粱、豇豆和小米的研究，但從二〇一一年起，重心從研究轉向創業，希望藉由和農民共同開發的訓練方式，協助農民改善珍珠粟的種植系統，發展永續的合作社經營方式，從而提高產量、增加收益、改善生活水準及確保糧食安全。

先正達及其前身在馬利耕耘三十年的成果，請見二〇一一年的報告〈穀倉滿了〉（法文，Ferroni and Gabathuler 2011）。英文摘要可參考〈先正達基金會：馬利三十年經驗談〉（Syngenta Foundation 2012）。

婦女營養與經濟支援中心

一九八九年我在多貢區做研究，跟馬利非政府組織AMIPJ／婦女營養與經濟支援中心共事，我們都是免於飢餓的合作夥伴。這些年來，婦女營養與經濟支援中心持續推動微型貸款，協助鄉村婦女貸款創立小型收入創造計畫，藉此償還借款。一九九〇年代中期，免於飢餓和婦女營養與經濟支援中心終止合作，表示婦女營養與經濟支援中心行事和紀錄不夠透明。二〇一三年我在網路上找得到的資料只有幾篇法文貼文，除了指控該中心的創辦人兼執行長拜卡利・特拉奧雷從事非法活動，包括盜用公款，還表示該中心已經關門，丟下數千名存戶不管。若消息屬實，那實在令人遺憾。

政治情勢

馬利舊名法屬蘇丹，一八九〇年至一九六〇年殖民期間隸屬於法屬西非。馬利和許多現代民族國家一樣，疆界是歐洲人隨意定下的，完全沒有考慮居住其上的族群。因此，馬利的人口由許多族群與文化組成，其中一些族群與文化不只生活在馬利，也生活在其他國家，如班巴拉人、圖阿雷格人和富拉尼人等等，使得馬利境內衝突不斷，尤其馬利北部的圖阿雷格人和馬利政府（巴馬科）更是迭起爭端。

馬利的圖阿雷格人以遊牧為生，占據了北部的三分之二土地，包括部分撒哈拉沙漠及沙漠以南的薩赫爾區，不愛遷徙的圖阿雷格人則長住在綠洲邊。他們的主食除了獸奶（羊奶和駱駝奶），還有小米和棗椰。圖阿雷格人最初信仰泛靈論，基督教傳入北非後，部分族人改信基督教，後來商販引入伊斯蘭教，又有部分族人改投阿拉門下。這一塊區域聚落分散，跟馬利境內其他地區少有聯絡，直到手機出現才略為好轉。首府巴馬科的政治人物向來對圖阿雷格及其他偏遠地區的族群不理不睬，因此自馬利一九六〇年獨立以來，北部發生過幾次要求獨立或自治的動亂，但都無疾而終。接下來我想簡單交代馬利政治高層的演變，以便討論馬利當前的情勢。

馬利獨立後的首任總統為莫迪博・凱塔。他在位到一九六八年，被穆薩・特拉奧雷發動的不流血政變推翻下台。一九八〇年代我在馬利做研究，特拉奧雷仍然是總統，一黨執政下的政治局勢還算穩定平靜。但到了一九八九和一九九〇年，民間開始出現反彈，人民懷疑特拉奧雷夫婦貪汙及私吞國庫。一九九一年，要求多黨民主政治的群眾運動爆發成四天的反政府示威，一群軍方將領在阿馬杜・圖馬尼・杜爾的率領下逮捕了特拉奧雷總統，接掌政權。一九九二年新憲法起草完成，並頒布施行，阿爾法・奧馬爾・科納雷成為馬利首位民選總統。科納雷當了兩任共十年總統（一九九二至二〇〇二年），之後由杜爾接任，同樣當了兩任十年（二〇〇二至二〇一二年）。

二〇一二年，馬利北部爆發了比過去嚴重許多的政治衝突，一群更有組織、更精良的圖阿雷格武裝勢力再次要求自治。這群武裝勢力分成幾支「反抗軍」，最主要是阿扎瓦德民族解放陣線。阿札瓦德是馬利北部的一個區域，圖阿雷格人希望在這裡成立自治邦或獨立為國家。阿扎瓦德民族解放陣線有一些圖阿雷格人是利比亞總統格達費的傭兵。二〇一一年格達費身亡後，許多他的圖阿雷格支持者帶著武器、訓練和經驗返回馬利，使得圖阿雷格獨立運動聲勢再起。二〇一二年一月，獨立運動分子再次開始攻擊馬利北部的城鎮。

不少圖阿雷格派系都有外力支援，包括馬格里布蓋達組織。馬格里布蓋達組織是伊斯蘭教政治團體，主要目的是推翻阿爾及利亞政府（可能還有突尼西亞），建立以**教法**（sharia law）治國的阿爾及利亞伊斯蘭國。我們不清楚馬格里布蓋達組織多龐大、多有組織，也不曉得他們得到蓋達組織多大的支持。有報導指稱馬格里布蓋達組織和阿扎瓦德民族解放陣線有成員起過衝突，另外這兩年也有其他小型勢力形成和解體。

二〇一二年三月，部分軍方人士對政府處理北部圖阿雷格反抗軍的表現不滿，於是推翻了民選總統。這次政變立刻引來國際社會的譴責與嚴厲的經濟制裁，包括美國終止了對馬利的所有援助。三月底大勢底定後，馬利北部已經穩穩落在圖阿雷格人手中。八月時，國會議長迪昂昆達·特拉奧雷成立過渡政府，由謝赫·莫迪博·迪亞拉擔任總理。

二〇一三年一月，法國在馬利政府要求下加入戰局，代替馬利和國際社會發動空襲，想將反抗軍逼回北部。反抗軍一路撤退，最終退到了廷布克圖以北。馬利北部局勢吃緊，令人擔心大量收藏在廷布克圖的脆弱的古代宗教與歷史手稿要如何保護與保存。《時代雜誌》對此做了扼要的說明（Walt 2013）：

伊斯蘭武裝分子被法軍空襲趕出廷布克圖已經一週，古物保護人士非常擔心如何繼續保護城裡珍貴的古文件。當人民對政府幾無信任的地區發生政治動亂，貴重文物的保護就變得極為困難。十天前，法非聯軍殺進這座馬利北部的古都，缺乏第一手消息的廷布克圖市長竟然對記者誤稱「所有重要文獻」都被伊斯蘭聖戰士破壞了，還要馬利人將反抗軍「殺個片甲不留」。事實上，廷布克圖居民和古物保護人士去年初就告訴本刊，他們早在反抗軍占據馬利北部之前就已經救出數萬份手稿，並要求本刊在聖戰士潰敗之前不得公開他們的姓名。這項搶救行動由廷布克圖的世家發起，他們已經看顧城裡三十多萬份古文獻數百年之久。只有艾哈邁德巴巴研究所裡的數百份手稿沒有移走。這些是廷布克圖唯一公開陳列的古文獻。他們將那些手稿留下，好掩蓋另有大量文獻被移走的事實。上個月遭到破壞的就是那些公開陳列的文獻。

美國傅爾布萊特學者兼職業攝影師亞麗珊德拉・赫德斯頓曾在廷布克圖工作數年，在這波動亂爆發前才離開。她用相片記錄了伊斯蘭悠久的學術傳統。想了解她的作品，可參考《三百卅三名聖徒：威脅下的學者生活》這本書的內容，及同名短片。

馬利的最新局勢令人振奮。二〇一三年七月廿八日該國舉行民主選舉，隨後於八月十一日進行第二輪投票。易卜拉欣・布巴卡爾・凱塔於第一輪遙遙領先，獲得百分之卅九的選民支持，高於蘇麥拉・希塞的百分之十九，第二輪更以百分之七十八的選票大獲全勝。雖然近幾年的政治動盪讓過去數十年累積的進步受到威脅，但隨著民選政府回歸，美國和其他國家恢復援助，馬利人的未來應該大有可期。

欲知馬利最新近況，請見馬利新聞網（一點能知馬利事）http://www.journaldumali.com/，或Maliweb.net（虛擬馬利）http://www.maliweb.net/。

致謝

Acknowledgments

多虧許多朋友、親戚和組織協助，我在馬利的研究和這本書才得以完成。我非常感謝以下單位給我的經濟奧援，讓我有經費在馬利進行研究：印第安納大學布魯明頓分校研究所、Sigma Xi研究學會、美國科學研究學會、帕登杰人類學研究基金會、傅爾布萊特計畫、德州農工大學人文學院與人類學系、美國教育發展學會和免於飢餓。個人部分，我要感謝伊凡・卡爾普讓我接觸到非洲人類學和伊凡-普理查的著作。謝謝保羅・傑米森在研究上給我的指導，並始終相信我的能力。謝謝凱西恩夫婦（芭芭拉和蓋瑞）讓我認識了馬利。謝謝我的研究夥伴兼好友穆薩・迪亞拉，他的付出遠遠超過職責所需。感謝魯基婭・迪亞凱特提供了許多美味餐點。謝謝AMIPJ/CANEF的拜卡利・特拉奧雷、法拉耶・杜姆比亞、提朵・芭、莎朗・希提貝和艾比巴圖・尼亞赫，還有免於飢餓的凱瑟琳・史戴克，我在多貢的研究都靠他們協助。謝謝我的大學生研究助理希瑟・瑪麗・凱茲孜孜矻矻抄寫測量資料，並且從不抱怨田野地環境嚴苛。感謝教育發展學會的克勞蒂亞．帕爾凡塔將我的研究轉化成健康宣導計畫，在馬利和其他的西非國家執行。謝謝美國國際發展總署的衛生官員尼爾．伍德洛夫，在我剛到馬利的頭一個月給了我無比的物資與情感支持。感謝湯姆．凱恩和蘇．漢默頓在我田野工作後期給我的友誼與支持。

這本書能寫成，我首先要感謝美國研究學院出版社的珍恩．克普，謝謝她喜愛本書手稿的頭幾章，並對敘事如何調整給了我睿智的建議，本書俯拾皆是她為了讓本書讀來更有趣而提供的點子。感謝威夫蘭出版社的湯姆．克汀自始至終給我的熱切支持，不僅提供靈感，還不忘循循善誘，帶著我把書寫完。湯姆謝謝你！感謝我在德州農工大學的好同事李伊．克朗克與布魯斯．迪克森，謝謝他們在我寫作時的支持與鼓勵，包括在我需要時大方讓我優先使用研究電腦。本書頭版封面（現改置於本書英文版書名頁）是根據菲莉絲．拉許．休斯的一幅畫作改的。我一九七〇年代晚期在布魯明頓市的街道市集買下了那幅畫，進而認識了她的招牌主題「跳舞的骷髏」。我桌上目前擺著她的另一幅畫作。感謝汪達．吉爾斯一絲不苟替本書審稿。她告訴我這本書如何打動她，讓我收穫良多。再棒的電腦「拼字檢查」也比不上傑出的審稿員！謝謝吉姆．萊爾和德州農工大學影印部的職員將我的彩色投影片轉成黑白影像，德州農工大學國際農業計畫處的凱塞琳．克雷門提供地圖。謝謝裘安娜．凱西提供我引述的蘭諾．絲薇佛的原文出處。謝謝我妹妹黛安娜．杜蘭尼在草稿階段提供犀利的編輯意見。感謝梅莉莎．喀斯博特細心照顧亞歷山大，讓我可以在家用電腦寫稿。我衷心感謝上面提到的所有朋友。

更大的感謝還在後頭。有四個人特別值得一提。首先是彼得和亞歷山大，他們時時提醒我生命中真正重要的是什麼。米蘭達也是。此外她在馬利還是我的研究助理兼管家，尤其在我田野工作時，她毫無怨言跟著「去玩」，更是值得感謝。少了她，我不可能去做田野，但也要向她道歉，讓她為了媽媽在馬利吃了不少苦頭。感謝我的丈夫兼摯友史蒂芬，謝謝他待在家裡，身兼母職照顧彼得半年之久。這份無私的信任與愛，我終生難以回報。

當然，我最要感謝的是馬利的婦女與小孩，謝謝他們讓我參與、觀察和記錄他們的生活。我希望自己如實呈現了他們的樣貌。

對於這本出版二十週年紀念版，我要額外感謝寫信給我、問我問題和告訴我這本書對他們有多大影響的學生們。同時我也要再次感謝威夫蘭出版社的好人們，尤其是湯姆・克汀和珍妮・奧格維用優雅與幽默包容我的不按牌理出牌。感謝你們兩位 extraordinaire（法文，出色）的編輯大人。

讀後記

醫療渴望文化：治療作為文化鑲嵌的實踐

趙恩潔

被邀請為這本一九九五年瑪格麗特·米德獎得主作品撰寫導讀時，我有一些疑惑。本書作者德特威勒是一位體質人類學家，而我是一位文化人類學家。作者雖然在書中提供了一些在馬利異文化衝擊下對自身美國白人偏見的反思，但仍然很容易讓讀者誤以為這又是一本「白人拯救非洲孩童」的感人故事。其實，這本書平易好讀，本身已從體質人類學家視角為一般讀者提供理解非洲的不同面向，只是或許仍需要納入文化人類學思維與不同歷史觀點，以提供我們對於疾病的社會性有更深入的思考。事實上，作者也在書中坦承，除了在幼兒健康狀態掌握甚多，她其實對馬利的政治歷史一無所知。因此，我希望以下的簡短討論，可以更激盪、轉換人們看待熱帶非洲的方式。

歐洲帶來疾病，而非文明

非洲作為「黑暗大陸」的觀念，是由殖民早期歐洲探索者與士兵的死傷經驗中投射而成，打從一開始就是一種歐洲中心主義的觀念。在台灣，除了早期歷史課本仍為上述這種觀念背書，「飢餓三十」的種種宣傳也是我們這一代非洲印象的主要來源。今日，非洲飢餓的單一印象沒有離我們遠去，只是飢餓可能被疾病（或戰爭與世界工廠）所取代。確實，一直到二十一世紀，瘧疾仍在非洲死因名列前茅，而馬利仍是世上最貧窮的國家之一。若要重新認識非洲疾病的根源，除了流行病理學與歷史病理學，我們也需要跨區域的醫療史，以及寬廣的非洲史。

二〇一九年年初中文譯本剛問世的《醫療與帝國》是優質的切入點。[1] 書裡有一章專論非洲，雖然針對西非的內容偏少，但是醫學史及科學史家查克拉巴提以大量史學證據挑戰了「西方人為非洲帶來醫學與文明，在此之前非洲沒有自己的醫學」的刻板印象。這個印象在英國藝術家科平於一九一六年所繪的〈一位照顧患病非洲土著的醫療傳教士〉作品中再清楚不過：一位帶入醫學與福音的歐洲人，端出藥盒，背對著後方光亮的耶穌基督；而與之相對應的，則是因病跪倒在地的一位非洲黑人。查克拉巴提鏗鏘有力地論證，歐洲人對非洲的殖民，包含商業據點的交通連結、強制勞動力遷徙、都市化與農莊化，都造成了生態浩劫與人群密集接觸，並使得各種傳染病大肆蔓延。其中，昏睡病就是因歐洲人密集殖民非洲後而廣布，目前最清楚的例子。[2]

不只是昏睡病，瘧疾在特定區域的蔓延，也很可能與歐洲殖民有關。以馬利的瘧疾防治史為例，一次大戰後，法屬蘇丹殖民當局「尼日辦事處」為了棉花與稻米的生產，強制進行遷徙與勞役，在一九四五年以前迫遷了超過三萬名非洲勞工；[3] 並設置大型灌溉計畫，第一次計畫擴及範圍約一百四十八萬公頃，第二次計畫約三十七萬公頃。某些當地酋長選擇配合殖民政府的高壓政策，但實際上能招募到的人不多。最後被迫來到灌溉區種植棉花的非洲勞工，只能在貧瘠的環境下忍受糧食短缺導致饑荒的情形。[4] 這些灌溉系統持續到殖民地獨立，已然促成人口與蚊子密度雙雙增長，最終導致瘧疾感染增加。[5]

在更早的殖民階段，殖民者將醫療當成是一種權力的展演，帝國的工具，以便「加強我

1 普拉提克・查克拉巴提，《醫療與帝國：從全球史看現代醫學的誕生》，李尚仁譯，左岸文化，二〇一九。

2 關於昏睡病是歐洲殖民惡化的證據相當充足，請參考：John Ford, *The role of the trypanosomiases in African ecology: A study of the tsetse fly problem*, Oxford: Clarendon Presson, 1971. Helge Kjekshus, *Ecology control and economic development in east African history: The case of Tanganyika, 1850-1950*, London: Heinemann, 1977. Maryinez Lyons, *The colonial disease: a social history of sleeping sickness in northern Zaire, 1900-1940*, Cambridge University Press, 2002. Meredeth Turshen, *The political ecology of disease in Tanzania*, Rutgers University Press, 1984.

3 Jean Filipovich, "Destined to Fail: Forced Settlement at the Office du Niger, 1926-45", *The Journal of African History* Vol. 42, No. 2 (2001), pp. 239-260 (22 pages).

4 同上。

5 Diakalia Koné et al., *An Epidemiological Profile of Malaria in Mali*, Malaria Research and Training Center, University of Sciences, Techniques and Technologies of Bamako, Mali, 2015.

們（白人）在他們眼中的聲望」[6]。散播文明與科學是為了合理化殖民侵略的修辭，這一點其實在法國殖民者之間心照不宣。然而，歐洲人這種自我感覺良好，卻在馬利碰壁。除了天花疫苗還有一些特殊疾病之外，大部分的馬利人對西方醫院興趣缺缺。這有一些物質與文化上的根本原因。首先，醫院只設在都市，對鄉村地區的人而言太過不便。其次，當時負責「土著醫療」的政府機構「土著醫療協助」，完全脫離了當地的醫療文化——人們習慣長住在治療師家中接受照護，而不是去陌生的醫院短暫就診後取藥走人。由於不了解當地的醫療文化，「土著醫療協助」後來比較像是殖民政府的公關門面，卻從未真正成功地提供普遍的醫療服務。[7]

在這樣的歷史之後，馬利當地指涉的 toubabou 或 toubab「白人」，來自阿拉伯語「醫生」tabib——以後見之明看來，不能不說是一種諷刺。

歷史作為一種轉型正義：回憶西非昔日光榮

如果說法國殖民者帶來更多疾病而非醫療聽起來很不可思議，或許更不可思議的是歐洲人最初會被這塊區域吸引的原因，很可能是因為這裡曾是中世紀稱霸一時、以黃金貿易著名的馬利帝國所在地。馬利帝國在十四世紀達到鼎盛，國土及於尼日河中游，掌管傑內、廷布克圖和加奧等三大河港商業中心。主導帝國的曼德族（曼德，母與子之意）屬母系社會，姓氏與財產都從母舅繼承而來。曼德族既善於經商又深諳統治，透過黃金與鹽的交易致富，稱霸撒哈拉沙漠以南遼闊的薩赫爾地區，並與北非有堅實的商業連帶。著名的阿拉伯史學家赫勒敦於十四世紀時曾說「蘇丹」（阿拉伯語原意是「黑人的土地」）地區的人們都對馬利人敬畏有加，且當時馬利首都法治清明，司法公正，城市井然有序。當時，世界三分之二的黃金都產自馬利。馬利帝國使得穆斯林商業網絡從西非一路跨越了撒哈拉沙漠抵達歐洲與地中海區域周遭，也連結了透過印度中介東南亞貿易的阿拉伯世界。[8]

馬利帝國的統治者被尊稱為「曼薩」，其中最偉大的傳奇人物莫過於曼薩・穆薩。一三二四年，曼薩・穆薩展開壯闊的麥加朝聖之旅，一路上名符其實地揮「金」如土。歷史記載他在埃及的三個多月給了埃及蘇丹、神殿和官員大量金塊，造成一人導致金價狂跌十年以上

6 "Rapport médical mensuel[hereafter RMM] de Bamako, octobre 1904", ANM 1H-49 FA，引自Eric Silla, *People are not the same: leprosy and identity in twentieth-century Mali*, Heinemann Portsmouth, NH, James Currey Oxford, 1998.

7 同註6，Eric Silla 1998.

8 J. D. Fage et al.ed., *The Cambridge History of Africa*, Volume 3, Cambridge University Press, 1975, pp. 372-373. Ross E. Dunn, *The Adventures of Ibn Battuta: A Muslim Traveler of the Fourteenth Century, With a New Preface*, University of California Press, 2012.

的空前「壯舉」。[9] 除了富裕強盛，馬利帝國宮廷儀式的繁文縟節、所向無敵的騎兵隊，都增加了曼薩王的傳奇色彩。史學家費南德茲－阿梅斯托說：

馬格里布商人和旅人把這些傳奇的馬利帝國故事帶回地中海周圍……一三二〇年代馬約卡繪製的地圖，以及一三八〇年代初加泰隆尼亞製作得更加精細的地圖集裡，除了臉頰黝黑之外，留鬍子、戴王冠、坐在王位上的馬利統治者看起來就像個拉丁國王，地位不亞於任何基督教君王。「他的王國內盛產金礦，」圖片旁的文字註明，「使他成為世界上最尊貴富裕的國王。」這樣的形象或許略經更改又傳至某幅東方三王（又稱東方三博士）的繪畫中，因為這層關係，當時的歐洲畫家常據此畫出想像中的黑人國王。畫中黑人國王送給剛誕生的耶穌的禮物，就是地圖上曼薩拿在手中的巨大金塊。[10]

在曼薩．穆薩統治晚年，桑科雷大學已經是一所可容納兩萬五千名學生、圖書館藏書豐厚高達百萬卷的大學。[11] 不過，馬利帝國的黃金時期約莫一百多年爾爾，其命脈雖然延續到十七世紀，但在十五世紀中葉即被桑海帝國取代。

桑海帝國延續馬利帝國黃金和鹽的貿易，也繼續橫跨北非與阿拉伯世界的「奴隸貿易」。值得一提的是，這裡所謂的「奴隸」與後來的美國黑奴相當不同。這裡的「奴隸」本質上類似契約長工，被當成家族的一分子，而且流動性強，不論性別，以奴隸之身後來高居顯貴乃至王位的例子所在多有，北非、西非皆然。比如馬利帝國第六位君王曼薩・薩庫拉原是一位宮廷奴隸，但因為加入了凱塔家族而被視為家族的一分子，擔任將軍，並在奪取王位後擴張國土，使首都成為巨大貿易中心。

除了發達的紡織業，桑海帝國境內最有名的城市莫過於廷布克圖以及傑內。廷布克圖是帝國的經濟、文化重鎮。十六世紀初，當時約莫十六歲、來自費茲、且為柏柏爾-安達魯西亞後裔外交使節家族的阿非利加努斯抵達廷布克圖後，記載城內有大量書籍與圖書館，路上盡是法官、醫生、法學者，且酬勞優渥（通常是黃金）。[12] 傑內也是一座大學城與醫療研究中心。城內醫學發達，醫生醫術高明，甚至可以進行移除白內障等眼科手術。[13]

9 A. J. H. Goodwin, "The Medieval Empire of Ghana," *South African Archaeological Bulletin* 12 (1957), pp. 108-112.

10 菲立普・費南德茲-阿梅斯托，《一四九二：那一年，我們的世界展開了》，謝佩妏譯，左岸文化，二〇一九，頁六三。

11 Said Hamdun & Noël King (edds.), *Ibn Battuta in Black Africa*, London: Collings, 1975, pp. 52-53.

12 Leo Africanus, *The History and Description of Africa*, London: the Hakluyt society, 1896, p. 824. 以及 Paul Brians, *Reading About the World*. Fort Worth, TX, USA: Harcourt Brace College Publishing. vol. II, 1998.

13 es-Sadi, Abderrahman, *Tarikh es-Soudan: Traduit de l'Arabe*, Houdas, Octave ed. and trans., Paris: E. Leroux, 1900. 引自 Cheikh Anta Diop, *Precolonial Black Africa*, 1987. Trans., Harold Salemson. Lawrence Hill & Company.

當文化成為經濟主權喪失後的精神依據

上述這些非洲歷史，很多都是在去殖民化過程中才得以慢慢浮現。可惜，新興獨立的國家，不論其意識形態是資本主義或社會主義，往往皆承襲「發展」傳統[14]，低估了環境平衡、糧食自主，與人口健康的重要性。在大饑荒後的一九八〇年代初期，馬利政府過於賤價收購小農的稻米即是一例。新自由主義化之後更是雪上加霜，由於公共醫療費用減少（「結構重整」），變相加重民眾負擔，使得廣大的人民連就醫的交通費或看診費都籌措不出，因而導致延後就醫。二十一世紀，許多馬利人往往被迫在餓死全家一年，或暫時救活一個（之後可能還是會死掉的）孩子之間，做出殘酷的二選一。[15]

當德特威勒正確地指出貧窮與疾病不能輕易地畫上等號，卻也認為「文化觀念」可能是阻礙人們獲得多元營養和足夠免疫力來抵抗疾病的主要原因。這樣的觀點，恐怕正是忽略了所有被稱為「文化」的觀念，其實都深深鑲嵌在歷史的結構之中，而文化也有其長伴政治經濟的底蘊，無法被切割出來歸罪。無需否認，德特威勒不時能夠超越體質人類學訓練的限制，捕捉到當地複雜的文化結構，比如不給孩子吃營養的食物，是因為成人的工作生計對於全家人而言更為重要；或是只吃蔬菜水果而沒吃主食不算真的吃東西等。然而，她深知自己無法在本書中深入探討的是，這些被她編號與測量身體的孩子的家戶，其實很可能連基本就醫的費用都沒有，**這背後更大的政治經濟結構該如何撼動**。換言之，某些特定的文化觀念，很有可能是被迫生成的智慧，而非無知的文化承襲。

又比如，德特威勒在以女性割禮為名的章節開頭所使用的引言，將割禮當成一種同質習俗，而忽略了非洲女性割禮是美國人與法國人分別用來宣洩反黑人與反穆斯林情緒的工具[16]，也是一種透過去脈絡化與放大檢視單一他者習俗來加強自我優越的宣稱的手段。這樣的結果不但不能改變他者，反而更讓西方女性仍受到的各種不正義壓迫被隱藏起來，甚至縱容。同時，東非與西非的女性割禮差異甚大，西非的手術輕微許多，且已經大幅度地醫療化，不至於戕害生命。即使是過去時常被懷疑有「性別盲」的李維-史陀，也曾在其散文集《我們都是食人族》中說道：「男性割禮依舊損害了孩童的身體……就像女性割禮一樣。我們不明白，後者所引起的議題為何在男性割禮上卻不復見；是否僅僅因為我們太過熟悉於猶太-

14 Carl K. Eicher, "Facing up to Africa's food crisis," *Foreign Affair* 61 (1982), p. 151.

15 Ari Johnson, Adeline Goss, Jessica Beckerman, and Arachu Castro, "Hidden costs: the direct and indirect impact of user fees on access to malaria treatment and primary care in Mali," *Social science & medicine* 75, no. 10 (2012), pp. 1786-1792.

16 Sondra Hale, "A question of subjects: The 'female circumcision' controversy and the politics of knowledge," *Ufahamu: A Journal of African Studies* 22, no. 3(1994). Michel Erlich, "Circoncision, excision et racisme," *Nouvelle revue d'ethnopsychiatrie* 18 (1991), pp. 125-140.

基督教文化，而使得我們對男性割禮應帶來的震撼免疫。」[17]李維-史陀也提到受過割禮的一位非洲女醫師的驚訝：她在來到巴黎之前，完全沒聽說過女性割禮會導致性冷感。也有調查與研究指出，不論是在東非或西非，女性即便經過割禮，仍然可以獲得性滿足。[18]但在「只過問性生活不過問政經壓迫」的某種提問中，女性的身體被「殘割」，是不容逃避的命題。更令人意外的是，東非反對割禮的宣傳較為順利，而西非在遭遇國內外的反對浪潮時，卻意外激發許多本土民粹「守護傳統」的反彈效應。或許，比起女性為什麼不停止這一祕密通過儀式，更應該問的是女性的「性不滿足」如何是性別權力不等的跨文化問題，以及「守護傳統」如何是後殖民政治效應的問題，而不只是特定器官的問題。當然，作者深知這個批評，因此在二〇一三年新增的後記中，談論起其實歐美人士也熱衷於陰部手術，非人的女性割禮其實並沒有那麼奇怪。她提到的會陰切開術在歐美已經褪流行，但在台灣的醫院生產中卻高達百分之九十八。沒有割開會陰，台灣的婦產科醫生彷彿就不會接生小孩。台灣這一經典的醫療實踐，使得我們成為最沒有立場去譴責女性割禮的一個社會。而作者也還尚未將剖腹產率極高的巴西，或者將全世界盛行剖腹生產的地方，都視為一種特殊的性別文化實踐而一同納入作為性與生殖相關的醫療文化實踐。

無論如何，德特威勒的文字引人入勝，真摯感人。她探討議題的方式，主要出自其所受的學科訓練，但無礙讀者感受她對於馬利醫療的投入與真誠：她反省自己未能識別一位給孩童不足營養的母親其實是弱智人士，因為她誤以為這樣的人不可能結婚生子；當她終於開始同理在資源匱乏而眾孩童嗷嗷待哺時必須將身障孩子留在森林，「因為他們是惡靈的化身，他們會變成蛇離開」；以及她不忍在一場慶祝宴會中親眼看著孩子們跳舞，因為這些「跳舞的骷髏」根本自身難保，遑論燃燒卡路里手舞足蹈。這些故事都讓人看到她的正義感，她的好惡分明，以及她身為一位營養專業的體質人類學者的使命。她的描述也讓我們不得不正視存活、營養與生死的現實。

二〇一九年七月。鹽埕埔。

17 克勞德・李維－史陀，〈社會問題：割禮和人工生殖〉，收錄於《我們都是食人族》，廖惠瑛譯，行人出版社，二〇一四，頁八一。

18 Hanny Lightfoot Klein, *Prisoners of Ritual: An Odyssey into Female Genital Circumcision in Africa*, Harrington Park Press, 1989. Claudie Gosselin, "Feminism, anthropology and the politics of excision in Mali: Global and local debates in a postcolonial world", *Anthropologica* Vol. 42, No. 1 (2000), pp. 43-60.

譯名對照

一劃

〈一位照顧患病非洲土著的醫療傳教士〉 A Medical Missionary Attending to a Sick African

三劃

《三百卅三名聖徒：威脅下的學者生活》*333 Saints: A Life of Scholarship Under Threat*
千禧年發展目標 Millennium Development Goals, MDGs
土著醫療協助 L'Assistance médicale indigène, AMI
山德士 Sandoz

四劃

巴戈埃河 Bagoé
巴拉 Bala
巴馬科 Bamako
《文化人類學與人類經驗：生命的饗宴》*Cultural Anthropology and Human Experience: The Feast of Life*
比拜克，丹尼爾 Biebuyck, Daniel
比桑，比洛 Bissan, Bilo

五劃

冬貝雷，莎菲亞圖 Dombele, Safiatou
加奧 Gao
卡芙恩 Kafoune
卡斯凱迪亞社區學院 Cascadia Community College
卡蒂 Kati
卡爾普，伊凡 Karp, Ivan
卡爾－摩斯，羅萍 Karr-Morse, Robin
史托勒，保羅 Stoller, Paul
史戴克，凱瑟琳 Stack, Kathleen
尼日 Niger
尼日辦事處 Office du Niger
尼亞赫，艾比巴圖 Niare, Abibatou
布哈南 Bohannan, Paul
弗提斯 Fortes, Meyer
永續農業振興計畫 Projet de Renforcement des Capacités pour une Agriculture Durable, PRECAD project
瓦基爾，米奇 Vakil, Mickey

六劃

七劃

八劃

Foundation for Anthropological Research
帕爾凡塔，克勞蒂亞 Parvanta, Claudia
法馬布古 Famabougou
法莉瑪 Farima
法圖 Fatou
空空庫魯 Konkonkourou
舍柏－休斯，南希 Scheper-Hughes, Nancy
芭，提朵 Ba, Tiedo
芳妲 Fanta
阿扎瓦德民族解放陣線 the National Movement for the Liberation of Azawad, MNLA
阿札瓦德 Azawad
阿非利加努斯 Africanus, Leo
阿馬杜 Amadou
青年整合式微型貸款推進方案 Advancing Integrated Microfinance for Youth, AIM Youth
《非洲傳統醫學》*African Folk Medicine*

九劃

保來 Baoulé
哈利豪森，雷 Harryhausen, Ray
威利，梅芮迪絲 Wiley, Meredith S.
查克拉巴提 Chakrabarti, Pratik
科平 Copping, Harold
科納雷，阿爾法·奧馬爾 Konaré, Alpha Oumar
科爾多凡 Kordofan
科爾森 Colson, Elizabeth
紀爾茲，克利弗德 Geertz, Clifford
紅孩症 kwashiorkor
迪克森，布魯斯 Dickson, Bruce
迪亞拉，瑪麗安 Diarra, Mariam
迪亞拉，穆薩 Diarra, Moussa
迪亞拉，謝赫·莫迪博 Diarra, Cheik Modibo

十劃

席拉馬納 Siramana
席爾斯，伊斯特 Seals, Easter
庫利科羅 Koulikoro
庫柏 Kuper, Hilda
恩騰科尼 N'tenkoni
桑科雷 Sankoré
桑海 Songhai
涅西吉索 Nyésigiso
烏埃來薩布古 Oulessabougou
烏慕 Oumou
特拉奧雷，拜卡利 Traoré, Bakary
特拉奧雷，迪昂昆達 Traoré, Dioncounda
特拉奧雷，穆薩 Traoré, Moussa
特納 Turner, Victor
特魯，戴伯特 True, Delbert
班巴拉 Bambara
馬西納 Macina
馬利青年就業協進會 Association Malienne pour l'Insertion Professionnelle des Jeunes, AMIPJ
馬坎 Macan
馬格里布蓋達組織 Al Qaeda in the Islamic Maghreb, AQIM
馬馬杜 Mamadou
馬諾布古 Magnambougou

十一劃

國際半乾旱熱帶作物研究中心 the International Crop Research Institute for the Semi-Arid Tropics, ICRISAT
基恩 Kene
婦女營養與經濟支援中心 Centre d'Appui Nutritionnel et Economique aux Femmes, CANEF
康加巴 Kangaba
捷利康農業化學公司 Zeneca Agrochemicals
教育行動委員會 CAEB
教育信貸計畫 Credit with Education project
教育發展學會 Academy for Educational Development
曼丁卡 Mandinka
曼德 Mande
梅瑞迪拉 Merediela
梅薩維德 Mesa Verde
莎莉 Sali
莫普提 Mopti
許爾林，約翰 Scheuring, John F.
麥亨利，亨利 McHenry, Henry
麥克連，席拉 McLean, Scilla
麥基納，詹姆士 McKenna, James

十二劃

傑內 Djenné
傑米森，保羅 Jamison, Paul L.
《傑森王子戰群妖》*Jason and the Argonauts*
凱伊 Kay
凱西，裘安娜 Casey, Joanna
凱西恩，芭芭拉 Cashion, Barbara
凱西恩，蓋瑞 Cashion, Gerry
凱恩，湯姆 Kane, Tom
凱茲，希瑟 Katz, Heather
凱塔 Keita
凱塔，易卜拉欣・布巴卡爾 Keïta, Ibrahim Boubacar
凱塔，莫迪博 Keïta, Modibo
博若 Bozo
喀土木 Khartoum
喀斯博，梅莉莎 Cuthbert, Melissa
富拉尼 Fulani
提洛 Thiero
湯瑪斯，伊莉莎白・馬歇爾 Thomas, Elizabeth Marshall
絲薇佛，蘭諾 Shriver, Lionel
萊恩哈德，卡爾 Reinhard, Karl
萊爾，吉姆 Lyle Jim
費南德茲－阿梅斯托 Fernández-Armesto
費茲 Fez

十三劃

塔馬謝克 Tamasheq
塞古 Ségou
塞杜 Seydou
奧格維，珍妮 Ogilvie, Jeni
照護計畫 CARE project
聖桑 Saint-Saëns, Camille
葛利歐特 griot
葛拉罕，艾芙阿 Graham, Efua
達巴吉安，珍恩 Dabaghian, Jane
達烏耙 Daouda

十四劃

圖亞拉 Touara
圖阿雷格 Tuareg
漢默頓，蘇 Hammerton, Sue
蒙田 Montaigne
赫勒敦 Khaldun, Ibn
赫德斯頓，麗珊德拉 Huddleston, Alexandra

十五劃

德拉姆，烏慕 Drame, Oumou
德特威勒，史蒂芬 Dettwyler, Steven
摩爾 Moor
歐馬魯 Oumarou
歐爾森，艾美莉・A Olson, Emelie A.
鄧福德，克里斯 Dunford, Chris
《骷髏之舞》Dance Macabre
魯基婭 Rookia

十六劃

穆罕默德 Muhammad
穆薩，曼薩 Musa, Mansa
諾華 Novartis
霍皮 Hopi
霍茲曼，喬恩 Holtzman, Jon

十七劃

《聯合國千禧年宣言》*the United Nations Millennium Declaration*

十八劃

薩內達，托莉 Saneda, Tori
薩貞特，凱洛琳 Sargent, Carolyn
薩赫爾 Sahel

十九劃

〈證據計畫：微型貸款和全球飢餓告訴我們的事〉The Evidence Project: What We're Learning About Microfinance and World Hunger
贊巴拉 Zambala

參考書目
Bibliography

ACE Study. 2013. Centers for Disease Control. http://www.cdc.gov/ace/about.htm. Accessed August 29, 2013.

ASAPS－American Society for Aesthetic Plastic Surgery. 2013. Most popular cosmetic surgery procedures in 2012. March 12, 2013. http://www.surgery.org/consumers/plastic-surgery-news-briefs/popular-cosmetic-surgery-procedures-2012-1049714. Accessed June 18, 2013.

Atwood, Margaret. 1986. *The handmaid's tale*. Boston: Houghton Mifflin.

Bertelsmann Stiftung, BTI. 2012. *Mali country report*. Gütersloh: Bertelsmann Stiftung, 2012. http://www.bti-project.de/fileadmin/Inhalte/reports/2012/pdf/BTI%202012%20Mali.pdf. Accessed June 26, 2013.

Beston, Henry. 1977. *The outermost house*. New York: Penguin Books.

Biebuyck, Daniel, and Kahombo C. Mateene. 1971. *The Mwindo epic*. Berkeley: University of California Press.

Bird, Charles. 1972. Heroic songs of the Mande hunters. In Richard M. Dorson, ed. *African folklore*. Bloomington: Indiana University Press.

Bohannan, Paul. 1992. *We, the alien: An introduction to cultural anthropology*. Long Grove, IL: Waveland Press.

Cannon, Poppy. 1964. Revolution in the kitchen. *Saturday Review* 47. October 24.

Cashion, Barbara Warren.1988. *Creation of a local growth standard based on well-nourished Malian children, and its application to a village sample of unknown age*. Ph.D. diss. Indiana University, Bloomington. Ann Arbor: UMI.

Cassidy, Claire M. 1987. World-view conflict and toddler malnutrition. In Nancy Scheper-Hughes, ed. *Child survival: Anthropological perspectives on the treatment and maltreatment of children*. Dordrecht/Boston: D. Reidel.

Chilson, Peter. 2013. *We never knew exactly where: Dispatches from the lost country of Mali.* Publisher: Foreign Policy and the Pulitzer Center. http://www.foreignpolicy.com/ebooks/we_never_knew_exactly_where. Accessed June 26, 2013.

Cruickshank, Robert, Kenneth L. Standard, and Hugh B. L. Russell. 1976. *Epidemiology and community health in warm climate countries*. New York: Churchill Livingstone.

Dettwyler, Katherine A. 1985. *Breastfeeding, weaning, and other infant feeding practices in Mali and their effects on growth and development*. Ph.D. diss., Indiana University, Bloomington. Ann Arbor: UMI.

Dettwyler, Katherine A. 1991. Can paleopathology provide evidence for "compassion"? *American Journal of Physical Anthropology* 84:375-384.

Dettwyler, Katherine A. 1991. Growth status of children in rural Mali: Implications for nutrition education programs. *American Journal of Human Biology* 3:447-462.

Dettwyler, Katherine A. 1992. Nutritional status of adults in rural Mali. *American Journal of Physical Anthropology* 88:309-321.

Dettwyler, Katherine A. 2011. *Cultural anthropology and human experience: The feast of life*. Long Grove, IL: Waveland Press.

Dettwyler, Katherine A., and Claudia Fishman. 1990. *Field research in Macina for Vitamin A communications*. Washington, DC: Nutrition Communication Project, Academy for Educational Development.

Dettwyler, Steven P. 1985. *Senoufo migrants in Bamako: Changing agricultural production strategies and household organization in an urban environment*. Ph.D. diss., Indiana University, Bloomington. Ann Arbor: UMI.

Dunford, Chris. 2013. Impact on child nutrition status. *The evidence project: What we're learning about microfinance and world hunger*. http://microfinanceandworldhunger.org/wordpress/2013/06/impact-on-child-nutrition-status/. Accessed June 26, 2013.

Elliott, Diana B., Kristy Krivickas, Matthew W. Brault, and Rose M. Kreider. 2012. Historical marriage trends from 1890-2010: A focus on race differences. *SEHSD Working Paper Number 2012-12*. United States Census Bureau, Center for Economic Studies. http://www.census.gov/hhes/socdemo/marriage/data/acs/ElliottetalPAA2012paper.pdf. Accessed June 26, 2013.

Evans-Pritchard, E. E. 1937. *Witchcraft, oracles, and magic among the Azande*. Oxford: Oxford University Press.

Evans-Pritchard, E. E. 1940. *The Nuer: A description of the modes of livelihood and political institutions of a Nilotic people*. Oxford: Oxford University Press.

Farley, John. 1991. *Bilharzia: A history of imperial tropical medicine*. New York: Cambridge University Press.

Ferroni, Sonia, and Ernst Gabathuler. 2011. Quand les greniers se remplissent. Centre for Development and Environment, Universität, Bern. http://www.cde.unibe.ch/CDE/pdf/F_Fullversion_low_Quand_les_greniers_se_remplissent.pdf. Accessed June 26, 2013.

Frank, Barbara E. 2007. Marks of identity: Potters of the Folona (Mali) and their "mothers." *African Arts*, Spring 2007, Vol. 40, No. 1, pages 30-41.

Geertz, Clifford. 1973. *The interpretation of cultures*. New York: Basic Books, Inc.

Gibbons, Luz, José M. Belzán, Jeremy A. Lauer. Ana P. Betrán, Mario Merialdi, and Fernando Althabe. 2010. The global numbers and costs of additionally needed and unnecessary cesarean sections performed per year: Overuse as a barrier to universal coverage. *world Health Report, Background Paper, 30*. http://www.who.int/healthsystems/topics/financing/healthreport/30C-sectioncosts.pdf. Accessed June 13, 2013.

Groce, Nora. 1985. *Everyone here spoke sign language: Hereditary deafness on Martha's Vineyard*. Cambridge: Harvard University Press.

Harris, Eddy L. 1992. *Native stranger: A black American's journey into the heart of Africa*. New York: Simon & Schuster.

Holtzman, Jon D. 2008. *Nuer journeys, Nuer lives: Sudanese refugees in Minnesota*, 2nd ed. New York: Allyn & Bacon.

Hoving, Thomas. 1981. *King of the confessors*. New York: Simon & Schuster. (Source of the quote by Montaigne).

Howell, Nancy. 1990. *Surviving fieldwork: A report of the advisory panel on health and safety in fieldwork*. Washington, DC: American Anthropological Association. Special Publication No.26.

Imperato, Pascal James. 1977. *African folk medicine: Practices and beliefs of the Bambara and other peoples*. Baltimore: York Press.

ISAPS – International Society for Aesthetic Plastic Surgery. 2011. ISAPS International survey on aesthetic/cosmetic procedures performed in 2011. http://www.isaps.org/files/html-contents/Downloads/ISAPS%20Results%20- %20Procedures%20in%202011.pdf. Accessed June 18, 2013.

Joint Commission. 2010. Preventing maternal death. *Sentinel Event Alert, Issue # 44*. January 26, 2010. http://www.jointcommission.org/assets/1/18/sea_44.pdf. Accessed June 13, 2013.

Karp, Ivan. 1978. *Fields of change among the Iteso of Kenya*. Boston: Routledge and Kegan Paul.

Karr-Morse, Robin, and Meredith S. Wiley. 1998. *Ghosts from the nursery: Tracing the roots of violence*. New York: Grove/Atlantic.

Kawamura, Sayaka. 2009. What is behind the delayed marriage in Japan? Do women postpone marriage because they are traditional or because they are egalitarian? http://paa2009.princeton.edu/papers/90537. Accessed June 26, 2013.

Kushner, Harold S. 1981. *When bad things happen to good people*. New York: Shocken Books.

Mali's conflict, the Sahel's crisis (World Politics Review Special Reports). *World Politics Review* (January 21, 2013). http://www.worldpoliticsreview.com/articles/12454/special-report-

malis-conflict-the-sahels-crisis. Accessed June 26, 2013.
McKenna, James J. 1986. An anthropological perspective on the Sudden Infant Death Syndrome (SIDS): The role of parental breathing cues and speech breathing adaptations. *Medical Anthropology* 10(1):9-91.
McLean, Scilla, and Efua Graham. 1985. *Female circumcision, excision and infibulation: The facts and proposals for change*. London: Minority Rights Group Report No. 47. Second revised edition.
McNaughton, Patrick R. 1979. *Secret sculptures of Komo: Art and power in Bamana (Bambara) initiation associations*. Philadelphia: Institute for the Study of Human Issues. Working Papers in the Traditional Arts, No. 4.
Mead, Margaret. 1928. *Coming of age in Samoa: A psychological stuly of primitive youth for Western civilization*. New York: W. Morrow.
MkNelly, Barbara, and April Watson. 2003. *Credit with education*. Impact Review No. 3: Children's Nutritional Status, October 2003. Freedom from Hunger. http://www.freedomfromhunger.org/sites/default/files/childrens_nutritional_status.pdf. Accessed June 26, 2013.
Olson, Emelie A. 1981. Socioeconomic and psychocultural contexts of child abuse and neglect in Turkey. In Jill Korbin, ed. *Child abuse and neglect: Cross-cultural perspectives*. Berkeley: University of California Press.
Oxfam 2013. *Saving for change: Financial inclusion and resilience for the world's poorest people*. Revised Report Summary, May 2013. http://www.oxfamamerica.org/files/oxfam-america-sfc-ipa-bara-toplines.pdf. Accessed June 26, 2013.
Parry, E. H. O. 1976. *Principles of medicine in Africa*. Oxford: Oxford University Press.
Rothman, Barbara Katz. 1986. *The tentative pregnancy: Prenatal diagnosis and the meaning of parenthood*. New York: Viking Press.
Sargent, Carolyn. 2011. Personal communication.
Scheper-Hughes, Nancy. 1987. Culture, scarcity, and maternal thinking Mother love and child death in northeast Brazil. In Nancy Scheper-Hughes, ed. *Child survival: Anthropological perspectives on the treatment and maltreatment of children*. Dordrecht/Boston: D. Reidel.
Scheper-Hughes, Nancy. 1992. *Death without weeping: The violence of everyday life in Brazil*. Berkeley: University of California Press.
Scheuring, J. F., M. Sidibé, and M. Frigg. 1999. Malian agronomic research identifies local baobab tree as source of vitamin A and vitamin C. *Sight and Life*, Newsletter 1, 1999. http://www.mightybaobab.com/scientific-papers/MalianAgronomicResearchIdentifiesBaobabAsSourceOfVitaminC.pdf. Accessed June 26, 2013.
Scheuring, John F. 2013. Personal communication.
Schneider, Harold K. 1974. *Economic man: The anthropology of economics*. New York: Free Press.

Sheer, Jessica, and Nora Groce. 1988. Impairment as a human constant: Cross-cultural and historical perspectives on variation. *Journal of Social Issues* 44(1):23-37.

Shriver, Lionel. 1987. *The female of the species*. New York: Penguin Books.

Stephenson, Lani S., and Celia Holland. 1987. *The impact of helminth injections on human nutrition: Schistosomes and soil-transmitted helminths*. London: Taylor & Francis.

Stoller, Paul, and Cheryl Olkes. 1987. *In sorcery's shadow: A memoir of apprenticeship among the Songhay of Niger*. Chicago: University of Chicago Press.

Syngenta Foundation. 2012. Syngenta Foundation: 30 years' experience in Mali. http://www.syngentafoundation.org/__temp/30_years_in_Mali_e.pdf. Accessed June 26, 2013.

Trevathan, Wenda. 1987. *Human birth: An evolutionary perspective*. New York: Aldine de Gruyter.

UNICEF Definitions. http://www.unicef.org/infobycountry/stats_popup9.html. Accessed June 17, 2013.

Ventura, Stephanie J. 2009. Changing patterns of nonmarital childbearing in the United States. *National Center for Health Statistics/CDC Data Brief No. 18*, May 2009. http://www.cdc.gov/nchs/data/databriefs/dbl8.pdf. Accessed June 26, 2013.

Walt, Vivienne. 2013. Timbuktu's ancient libraries: Saved by locals, endangered by a government. *TIME Magazine*, February 4, 2013. http://world.time.com/2013/02/04/timbuktus-ancient-libraries-saved-by-locals-endangered-by-a-government/. Accessed June 20, 2013.

World Health Organization. 2013. Health services coverage statistics. Definition of "skilled birth attendant." http://www.who.int/healthinfo/statistics/indbirthswithskilledhealthpersonnel/en/. Accessed June 13, 2013.

World Life Expectancy. 2010. http://www.worldlifeexpectancy.com/. Accessed June 26, 2013.

左岸 | 人類學294

跳舞骷髏

關於成長、死亡，母親和她們的孩子的民族誌

Dancing Skeletons: Life and Death in West Africa

作　　者　凱瑟琳・安・德特威勒（Katherine Ann Dettwyler）
譯　　者　賴盈滿

總 編 輯　黃秀如
責任編輯　孫德齡
校　　對　張彤華
企畫行銷　蔡竣宇
封面設計　楊啟巽
電腦排版　宸遠彩藝

社　　長　郭重興
發行人暨出版總監　曾大福
出　　版　左岸文化
發　　行　遠足文化事業股份有限公司
23141新北市新店區民權路108-2號9樓
電　　話　02-2218-1417
傳　　真　02-2218-8057
客服專線　0800-221-029
E-Mail　rivegauche2002@gmail.com
左岸臉書　https://www.facebook.com/RiveGauchePublishingHouse/
團購專線　讀書共和國業務部　02-22181417分機1124、1135

法律顧問　華洋法律事務所　蘇文生律師
印　　刷　成陽印刷股份有限公司
初　　版　2019年7月
定　　價　400元
ISBN　978-986-5727-95-6

國家圖書館出版品預行編目資料

跳舞骷髏：關於成長、死亡，母親和她們的孩子的民族誌
凱瑟琳・安・德特威勒（Katherine Ann Dettwyler）著；賴盈滿譯
-- 初版. -- 新北市：左岸文化出版：遠足文化發行，2019.07
336面；14x21公分. -- (人類學 ; 294)
譯自：Dancing skeletons : life and death in West Africa

ISBN 978-986-5727-95-6(平裝)

1. 體質人類學　2.貧窮　3.營養不良　4.西非

391　108007562